扩大自愿碳市场工作组报告

扩大自愿碳市场工作组　著
中国清洁发展机制基金管理中心　译

中国财经出版传媒集团
中国财政经济出版社

图书在版编目（CIP）数据

扩大自愿碳市场工作组报告 / 扩大自愿碳市场工作组著；中国清洁发展机制基金管理中心译 . --北京：中国财政经济出版社，2022. 9

书名原文：Taskforce on Scaling Voluntary Carbon Markets

ISBN 978 - 7 - 5223 - 1533 - 1

Ⅰ . ①扩…　Ⅱ . ①扩… ②中…　Ⅲ . ①二氧化碳－排气－市场－研究－世界　Ⅳ . ① X511

中国版本图书馆 CIP 数据核字（2022）第 114938 号

责任编辑：胡　懿　　　　责任校对：张　凡

责任印制：党　辉　　　　封面设计：卜建辰

书名原文：TASKFORCE ON SCALING VOLUNTARY CARBON MARKETS

扩大自愿碳市场工作组报告

KUODA ZIYUAN TANSHICHANG GONGZUOZU BAOGAO

中国财政经济出版社 出版

URL：http：// www. cfeph. cn

E mail：cfeph @ cfemg. cn

社址：北京市海淀区阜成路甲 28 号　邮政编码：100142

营销中心电话：010-88191522

天猫网店：中国财政经济出版社旗舰店

网址：http://zgczjjcbs.tmall.com

北京时捷印刷有限公司印装　各地新华书店经销

成品尺寸：210mm × 280mm　16 开　9.75 印张　200 000 字

2022 年 9 月第 1 版　2022 年 9 月北京第 1 次印刷

定价：98.00 元

ISBN 978 - 7 - 5223 - 1533 - 1

（图书出现印装问题，本社负责调换，电话：010-88190548）

本社图书质量投诉电话：010-88190744

打击盗版举报热线：010-88191661　QQ：2242791300

译者团队

焦小平　莫小龙　夏颖哲　孟祥明
冯　超　欧阳璐　林　伟　樊怡彤

关于我们

扩大自愿碳市场工作组是一个由私营部门领导的倡议组织，致力于扩大一个有效和高效的自愿碳市场，以帮助实现《巴黎协定》目标。

该工作组由联合国气候行动和融资特使、时任英国首相鲍里斯·约翰逊（Boris Johnson）在第26届联合国气候变化缔约方会议上的资金顾问马克·卡尼（Mark Carney）发起，由渣打银行集团首席执行官比尔·温特斯（Bill Winters）担任主席，并由蒂姆·亚当斯（Tim Adams）任总裁和首席执行官的国际金融研究所（IIF）[①]领导和资助。戴维斯·波克律师事务所（Davis Polk）的高级法律顾问、美国证券交易委员会前任委员安妮特·纳扎勒斯（Annette Nazareth）担任工作组的运营负责人。麦肯锡公司提供知识和咨询支持。

该工作组的50多名成员代表着碳信用额度的买卖双方、标准制定者、金融部门和市场基础设施提供商。工作组的核心主张是使价值链各环节紧密合作，并为自愿碳市场面临的最紧迫的问题提供行动建议。

该工作组还获得一个咨询小组的高度参与和支持。该小组由来自大约120个机构的各领域专家组成，他们为《扩大自愿碳市场工作组报告》（以下简称本报告）的形成提供了许多意见建议。

关于报告

本报告由扩大自愿碳市场工作组起草，并在起草过程中利用多方资源——包括与为IIF提供知识和咨询支持的麦肯锡公司开展研究合作。工作组负责形成报告的结论和建议。扩大自愿碳市场工作组的成员提供了其专业领域的见解。本报告的结果不一定反映工作组成员或贡献者的观点。

感谢

我们要感谢所有贡献了见解、观点和时间的工作组成员和咨询小组成员。我们要特别感谢作为捐助者支持该项目的慈善机构，包括作为主要捐助者的高潮基金会（High Tide Foundation），以及儿童投资基金会（Children's Investment Fund Foundation）和Quadrature[②]。我们还要特别感谢彭博

① 为便于阅读，本书对组织名称、方案名称、专有词汇等多直接采用缩写形式，详见附录1的缩写说明。——译者注

② Quadrature公司成立于2010年，是一家由程序员经营的小型科技公司。该公司力图将复杂的数据与强大的技术结合，实现交易完全自动化。——译者注

慈善基金会（Bloomberg Philanthropies）和美国气候工作基金会（Climate Works Foundation），感谢他们帮助协调我们的资金。没有这些支持机构的慷慨相助和深入参与，工作组的工作是不可能完成的。

工作组领导层

蒂姆・亚当斯

国际金融研究所

总裁兼首席执行官

比尔・温特斯

渣打银行集团首席执行官

安妮特・纳扎勒斯

戴维斯・波克高级法律顾问

美国证券交易委员会前任委员

支持者

马克・卡尼

联合国气候行动和资金问题特使

时任英国首相鲍里斯・约翰逊的

COP26 资金顾问

工作组领导层序言

为气候行动以及低碳和韧性转型筹集资金寻求工具的需求日益迫切。为了实现《巴黎协定》努力将全球气温升幅限制在 1.5℃之内的目标，国际社会需要在 2050 年之前实现净零排放。这将需要整个经济的转型——每家公司、银行、保险公司和每个投资者都必须调整他们的商业模式，为转型制订可靠的计划并加以实施。

全球经济的利益相关者正在加紧应对这一挑战。投资者、高管、政策制定者和消费者已经意识到他们可以发挥的作用，并已促进或致力于实现净零或净负排放战略。为确定这一转型带来的风险和机会，投资者需要转型计划以及相关公司如何实现这些目标的详细信息。企业采取的具体气候行动，包括适当使用碳抵消措施，不能等到 2050 年，而是需要从现在开始。

许多公司，特别是在难以实现净零目标的行业，将在实现脱碳目标时需要抵消碳排放，从而导致对可信碳抵消的需求激增。在实施转型计划中使用的自愿碳信用的可信度将会接受更严格的审查。为了促进这种全球脱碳，需要一个大型、透明、可核查和强大的自愿碳市场，促进采取具有高度环境完整性的切实行动。我们衷心感谢自愿碳市场的参与者为发展当前运作良好且可信的市场所做的开拓性努力，该市场现在有待进一步完善和扩大规模。

随着碳排放被避免、减少或消除，扩大市场规模有可能进一步帮助支持资金流向发展中国家，因为这些国家的碳减排活动和项目具有成本效益。自愿碳市场也可以在缩小新兴气候技术的成本曲线方面发挥关键作用，使这些技术更早进入市场，并允许它们用于直接脱碳工作。

2022 年以来，扩大自愿碳市场工作组汇集了来自碳市场价值链、6 个洲 20 多个经济部门的熟知市场完整发展历史的专家。在一个涵盖更广泛专家和观察员的咨询小组的支持下，工作组一直在努力制定蓝图和路线图，以打造一个功能齐全的自愿市场所需的市场基础设施。

工作组的建议旨在确定扩大自愿碳市场所需的基础设施解决方案。这些是当前和潜在市场用户为私营部门提出的建议，以确保该市场能够满足其参与者的需求，且不会影响脱碳的完整性。工作组发现，为实现建设一个大型、透明、可核查和强有力的自愿碳市场，需要在 6 个关键领域努力，即制定核心碳原则、制定核心碳参考合同、打造基础设施、实现碳抵消合法性、保证市场完整性和设立需求信号。

我们要感谢工作组成员对这项工作的广泛贡献，感谢参与工作组初步调查结果公众咨询的所有受访者。我们还感谢参与工作组咨询小组的各种公共和私人机构的持续参与。

本报告是更长期的后续工作的起点。展望未来，工作组和咨询小组将继续审慎、有节奏、包容地推动市场做出真正的变革。虽然大部分所需工作将由个别市场参与者推动，但工作组和咨询小组将支持以下四个方面的工作:（1）利益相关方参与;（2）治理;（3）法律原则和合约;（4）碳信用水平市场完整性。

这确实是一个帮助世界实现净零排放的历史性机会，我们鼓励整个经济价值链继续参与，以确保蓝图和未来的倡议为这些市场的真正增长开辟道路。

前 言

比尔·盖茨

每年，世界向大气排放大约510亿吨温室气体。为避免气候变化带来的最恶劣影响，我们需要在未来30年将这个数字减少到零。这将是人类有史以来面临的最大的挑战之一，但如果我们可以在全球减排方面大胆地采取行动，就可以应对此挑战。私营部门在这一努力中可以发挥重要作用。企业和行业必须努力使其生产链、分销链和供应链实现脱碳。私营部门必须对可以加速全球经济脱碳的新技术进行大量投资，并发展和扩大碳市场，鼓励合作伙伴和竞争对手共同减少碳排放。我们需要以不同的方式思考如何为实体经济融资，以便为全世界带来可靠的和可承受的且零碳的解决方案。

健全的自愿碳市场是私营部门可以用来应对气候变化并到2050年达到净零排放的一个重要工具。尽管说明这个市场的重要性的原因有很多，但最令我兴奋的是，我相信它有潜力推动对绿色技术，尤其是那些难以商业化的技术的早期投资，尤其是那些难以商业化的技术。例如，全球排放的第三大贡献者是制造业，所以世界需要找到无碳排放生产钢铁和水泥等材料的方法。要做到这一点，我们需要新的技术，如碳捕捉、制造过程的电气化和绿氢技术。如果碳信用有助于使这些新兴的气候技术更可负担，那么它们最终可以被更广泛、更具成本效益地用于减少直接排放。这将在数量级上增强碳信用额本身的积极影响。

如今，越来越多的自愿碳市场活动和碳补偿机会都集中在具有成本竞争力的技术和项目上，包括可再生能源和能效提高项目。工作组的工作对于确保自愿市场的严谨性、补充性和具有意义至关重要。工作组努力付出大量思考，令人印象深刻。随着更优质的、可产生积极应对气候变化影响的项目上线，我们需要拥抱这些项目，并分配关键资金用于新技术开发，如用于重载运输的低碳燃料、低碳钢和水泥，以及更好的碳去除技术。

如果我们现在仍不开始为创新提供融资，就不可能在有限的时间内实现所需的脱碳目标。因此，我们正在努力识别最能从投资中获益且具有前景的绿色新技术，并提出更多创新融资计划，与自愿碳市场一道，达到我们对这些技术所需的投资水平。这意味着在投资决策中要承担更多的风险，并要考虑到气候变化可能产生的影响。如果我们能构建一个关注气候影响的投资主题，我们就可以创造新行业，以跨部门的生产性投资机会取代现有企业。那些现在就有勇气采取这些措施的人，不仅将帮助世界避免气候灾难，而且将最有能力资助、生产和购买支撑我们未来经济的清洁解决方案，从而为成功做好准备。

不断有公司承诺，到2050年实现净零排放，这让我深受鼓舞。我们必须将这些承诺转化为具体行动。我鼓励企业遵循本报告规定的原则开展行动:（1）减排;（2）报告;（3）碳抵消。我特别敦促他们将一定比例的企业碳抵消投资于与其价值链和“范围3”（Scope 3）[①] 排放足迹相关的气候技术，以及能够在整个经济中大幅减少排放的新兴气候创新。

最后，我要感谢扩大自愿碳市场工作组迄今为止所做的工作。当规模扩大时，这个市场可以为应对气候变化创造富有成效的途径。它不仅将有助于减排，而且还将为新兴市场国家带来急需的资金，帮助保护生物多样性，并对世界各地的社区产生积极影响。

比尔·盖茨

（Bill Gates）

比尔及梅琳达·盖茨基金会联合主席、突破性能源创始人

① 国际排放核算工具温室气体（GHG）核算体系将温室气体排放分为3类或3个“范围”。“范围1”用于核算企业拥有或控制的排放源产生的直接排放量。“范围2”用于核算企业外购电力、蒸汽、供热或制冷的生产而产生的间接排放量。“范围3”包含企业价值链中产生的所有其他间接排放量。——译者注

目　录

报告执行摘要

一个有效的自愿碳市场蓝图

核心碳原则与属性分类法

核心碳参考合约

基础设施：交易、交易后、融资和数据

关于碳抵消合法性的共识

确保市场完整性

需求信号

实施路线图

《巴黎协定》的主要目标是将全球气温上升幅度控制在1.5℃以内，这要求全球每年的温室气体（GHG）排放量到2030年较当前水平减少50%，到2050年实现减少至净零排放。实现全球净零排放目标对于地球的健康、生态系统的稳定和确保后代的生存环境安全至关重要。为实现这一目标，必须立即开始在所有经济部门中采取深入、广泛和迅速的减排行动。[①]为此，越来越多的公司正在承诺通过减少自身排放、减少供应链排放和使用绿色产品来实现自身净零排放目标。

通过自愿购买碳信用，各机构可向避免或减少其他来源排放或清除大气中温室气体的行动提供资金，从而补偿或中和尚未消除的排放，为向全球净零排放转型作出有益贡献。[②]产生这些碳信用的项目大致可分为两类：一是避免或减少温室气体的项目，如可再生能源或防止毁林类项目；二是去除或封存温室气体的项目，如造林或碳去除技术类项目。[③]

除减缓气候变化外，许多项目还可产生更广泛的环境、社会和经济效益，包括增加生物多样性、创造就业机会、支持当地社区以及避免污染所带来的健康益处。类似地，支持新兴气候技术的碳信用可帮助降低其成本曲线，使这些技术更早市场化，并降低其相对于碳密集型替代品的“绿色溢价”。此外，很大一部分潜在的碳信用项目位于发展中国家[④]，可以吸引更多的社会资本流入。

企业的具体气候行动可分为三类：一是减少温室气体排放，二是报告温室气体排放，三是抵消由于技术或成本障碍而难以减少的温室气体排放。其中，企业直接减排应为优先事项，适当的碳抵消在加速气候变化减缓行动方面发挥重要的补充作用，为此，应确保可用作碳[⑤]抵消的除碳、减碳、封存等项目的质量，促使其带来真正的减碳和环境效益。此外，企业报告年度排放量（符合气候相关财务信息披露工作组［TCFD］和温室气体核算体系［GHGP］的建议）也很重

① 与《京都议定书》不同，《巴黎协定》实际上涵盖了几乎所有类型的温室气体排放，并要求各国政府承担相应减排责任。

② 在本报告中，我们通常使用“碳信用”描述产生的、交易的和注销的经核查的减排量或排放去除量，用“碳抵消”描述为其他气候变化减缓行动提供资金，以补偿或中和自身足迹的行为。除非特别说明，当我们讨论碳信用时，我们指的是用于自愿目的的信用，而不是合规目的的信用（例如，履行在司法辖区内受管制的碳市场中的义务）。在自愿市场上注销的大部分信用均是由独立标准（例如，国际自愿碳减排标准、黄金标准、美国碳注册处、清洁空气法案等）签发的。一些合规计划允许使用独立标准签发的碳信用，例如国际航空碳抵消和减排计划（CORSIA）。

③ 展望2030年，在潜在的碳信用供给中，40%—50%（超过40亿吨二氧化碳）将来自避免或减少类项目，50%—60%（39亿—64亿吨二氧化碳）将来自去除或封存类项目。

④ 例如，印度尼西亚和巴西的潜在项目共占2030年自然气候解决方案潜在项目数量的30%。

⑤ 我们通常使用“碳”来代替“二氧化碳当量（CO_2e）”，其中包括甲烷、一氧化二氮等其他温室气体。“二氧化碳”是指CO_2。

要。企业应明确阐释其气候目标的发展轨迹，包括碳抵消计划。企业需立刻开始采取包括适当使用碳抵消等在内的具体气候行动，而不是等到2050年。

一个新的自愿碳市场需要为企业提供富有成效的平台，以支持通往净零排放的道路——这不仅需要基于自然的解决方案和具有成本竞争力的技术，而且需要通过投资新的、高价技术解决部分经济部门的脱碳难题。许多公司将倾向于采取最具成本效益的可行方案，为此，我们需通过机构投资鼓励最难以商业化的项目和技术。

私营部门必须确定和支持新的项目，资助、设计和采用其中的关键问题解决方案，推动未来世界各国经济继续发展，这其中也包括当前迅速工业化的国家。例如，石油、天然气、航空和制造业等高排放行业可建立有效的合作伙伴关系，使自身的自愿减碳活动倾向于通过这些低碳方案解决。

许多推广新兴突破性技术所需的投资不能满足当今市场的风险回报预期，所以需要一系列机制确保资金支持这些技术推广，比如混合融资、放宽市场准入，或改变对气候影响潜力最高的项目风险、回报或投资期限的预期。早期投资者要想在支持未来经济发展中取得成果，可在清洁解决方案方面做好融资、产出和购买方案的充分准备。

为使资金流向避免、减少、去除和封存温室气体的项目，建立一个运行良好的自愿碳市场将是关键。[①] 一个规模大、流动性高的自愿碳市场可使数十亿美元资本从做出承诺的一方（如设置实现碳中和或净零排放目标的一方）流向有能力减少和去除碳排放的一方。根据不同的价格情境及其潜在驱动因素测算，到2030年，自愿碳市场的规模最低可能在50亿—300亿美元，最高可能超过500亿美元（假定需求均为10亿—20亿吨二氧化碳）。[②] 为加速在此规模下的市场发展，国际金融协会（IIF）于2020年9月成立了一个私营部门的“扩大自愿碳市场工作组”（以下简称工作组）。工作组的目标是显著扩大自愿碳市场，并确保其透明性、可核查性和稳健性。为此，作为第一步，工作组制定了一份自愿碳市场蓝图，其中：

一是以一种无缝、具有成本效益和透明的方式衔接碳信用的供给与需求。

二是提升市场信心，确保碳信用置换或交易的可信度。

三是随着越来越多的公司正根据《巴黎协定》目标为将气温升幅控制在1.5℃以内而努力，市场规模可以随预期需求的增长而扩大。

工作组的工作以下列四个关键原则为指导：第一，工作组将为私营部门机构提供开放性的解决方案。第二，自愿碳市场必须具有很高的环境完整性，并将任何负面结果的风险降至最低（如

① 值得注意的是，强制市场和法规的进步也将使私营部门能在向净正碳经济的转型中发挥充分作用。

② 文中内容来自麦肯锡的分析，基于情境而非基于预测，详见第三部分：扩大自愿碳市场的要求。50亿—300亿美元代表的是首先使用所有历史过剩供给，再优先考虑低成本供给的情境；超过500亿美元代表的是买方偏向于来自当地供给的情境。

符合无害化原则）。第三，认识到此领域中有许多重要工作，工作组将扩大现有和正在进行中的平行倡议工作。第四，或许最重要的是，工作组的工作基于以下原则，即自愿碳市场决不能降低公司自身努力减排的积极性。工作组的工作内容基于多方考虑形成（详见第 1 章）。针对所有建议，我们尽可能推进现有的相关工作，并指出了由专业机构承担进一步工作的需要。例如，鉴于气候科学家和商业专家参与的一些倡议已涉及碳抵消在各部门脱碳战略中的相关作用，我们将不对此提出具体建议（见第 4 章第 12 项建议行动中的示例）。我们也注意到基于属性的市场的发展（如 EACs、RINs，以及未来的绿氢、可持续航空燃料、绿色水泥的潜在信用），但本报告未涵盖这些内容。我们认为，本报告提出的许多建议同样适用于类似的市场，并在相关部分有所提及。

最后，工作组认为国际气候政策架构等监管决策可能会极大地影响努力扩大自愿碳市场的结果，也可显著推动市场发展。欧盟碳市场、中国碳市场、美国加州总量控制与交易计划等合规市场与自愿碳市场有明确关联，但考虑到工作组的关注焦点是私营部门的解决方案，不对政策优先事项发表意见，所以本报告未包括这些内容。对于工作组明确的扩大自愿市场有赖于有关政治问题的解决，本报告将指出二者间的相关性和需应对的相关问题，但不提供建议。

一个有效的自愿碳市场蓝图

随着今后数年全球经济脱碳加速，碳信用需求可能会增加。如果一个大规模的自愿碳市场形成，碳信用需求更有可能得到满足，进而帮助企业实现净零和净负排放目标。我们预计该市场规模需要显著扩大——为支持实现气温升幅不超过 1.5℃目标（以下简称 1.5℃目标）路径所需的投资，到 2030 年自愿碳市场需增长 15 倍以上（见专栏“从关键数据看扩大规模的必要性”）。在关键性的基于自然和技术的解决方案方面，增加气候资金不仅可以支持气候行动，还可以为共同体带来额外的社会和环境效益，并帮助促进创新。

专栏　从关键数据看扩大规模的必要性

- 为达到 1.5℃目标，在 2018—2050 年的碳预算中，我们必须将二氧化碳累积排放量控制在 5 700 亿吨内。
- 这一目标要求到 2030 年净温室气体减排 230 亿吨（减排量相当于 2019 年由石油消费导致的总排放量的 1.5 倍）。
- 为到 2030 年净减排达 230 亿吨，20 亿吨可能需来自封存和去除排放类项目。从理论上说，供给潜力可充分满足这一需求，其中大约 30 亿吨来自基于自然的封存，如造林；10 亿—35 亿吨来自基于技术的消除，如生物能源碳捕集与封存（BECCS）和直接空气碳捕集与封存（DACCS）。然而，这种供给潜力正面临重大的动员挑战。
- 为到 2030 年实现封存和去除排放量达 20 亿吨，假定这些行动全部由碳信用提供资金，到 2030 年，自愿碳抵消规模将比 2019 年增长 15 倍。这将需要企业显著提升其承诺水平，但根据现有数据，预期到 2030 年碳抵消规模仅为 2 亿吨。
- 由于碳信用可为避免或减少排放类项目以及去除或封存排放类项目提供资金，市场规模的上升倍数可能会显著超过 15 倍。

自愿碳市场自产生以来，在信用的真实性、透明度和市场效率方面取得了重大进展。工作组认可且感谢市场中的先行者——没有他们的工作，就没有自愿碳市场，更不用说扩大市场规模。工作组认为，逐步改变高质量、额外、可核查和可追踪的碳信用供需规模，将对实现扩大市场规模至关重要，而且这是可以实现的。

扩大市场规模仍有一些结构性挑战待解决。如今，一些买方难以应对各类标准，并以透明的价格匹配到高质量的碳信用。对于一个新的市场参与者来说，可能很难理解什么是高质量的碳信用，特别是随着科学、技术和市场对适当的碳信用基线认识的进步，对额外性、碳表现和碳泄露的认知也在发展。通过适当的可测量、可报告和可核查（MRV）过程评估这些碳信用的协同效益（除减少碳排放以外的效益）将进一步增加问题的复杂性。[①] 在供给方面，卖方面临着未来需求的不确定性、低价格、融资渠道有限以及核查信用耗时长等问题。由于存在这些问题，金融中介机构和数据参与者尚未大规模进入市场，导致当前市场处于流动性低、数据透明度有限的状态。这些都是可以通过创新克服的挑战，同时保持质量标准和透明度。为支持扩大自愿碳市场，工作组已确定了贯穿整个价值链的 6 个关键行动主题。这 6 个主题是

主题一，核心碳原则和属性分类法；

主题二，核心碳参考合约；

主题三，基础设施：交易、交易后、融资和数据；

主题四，关于碳抵消合法性的共识；

主题五，确保市场完整性；

主题六，需求信号。

上述 6 个行动主题形成了工作组希望达到的高层次愿景（见图 1）

供应和标准
市场中介
需求
1
核心碳原则和属性分类法
• 通过核心的碳原则（CCP），确保碳信用质量
• CCP以及对碳信用的属性分类可作为制订参考合同的依据
2
核心碳参考合约
• 碳标准化合约的流动性高，可传递透明的碳价信号，有助于促进碳价风险管理和供应链融资
• 市场参与者保有购买交易所中具有额外属性的碳信用合约的选择权（如，选择不同项目类型的碳信用）或在场外市场中进行个性化交易（碳价对标标准化合约）
6
需求信号
• 通过基于行业范围的承诺和建设新的销售终端提供强烈的、透明的需求信号
• 简化买方操作过程，并为投资者如何使用碳抵消提供指导
3
基础设施：交易，交易后，融资和数据
• 规模化的供应链融资可促进扩大供应者数量
• 有活力的交易所、清算所，以及登记注册基础设施可为交易、清算和结算提供基础支持，同时生成透明的市场和参考数据
4
关于碳抵消合法性的共识
• 所有市场参与者对碳抵消在实现净零目标的关键角色上有统一认识
5
确保市场完整性
• 具备可靠的流程，确保市场的公平性、效率、透明度，以及减少欺诈风险
• 市场高度完善，不断发展，以支持落实《巴黎协定》目标
• 具备关键的法律和会计制度，以支持价值链中的市场参与者

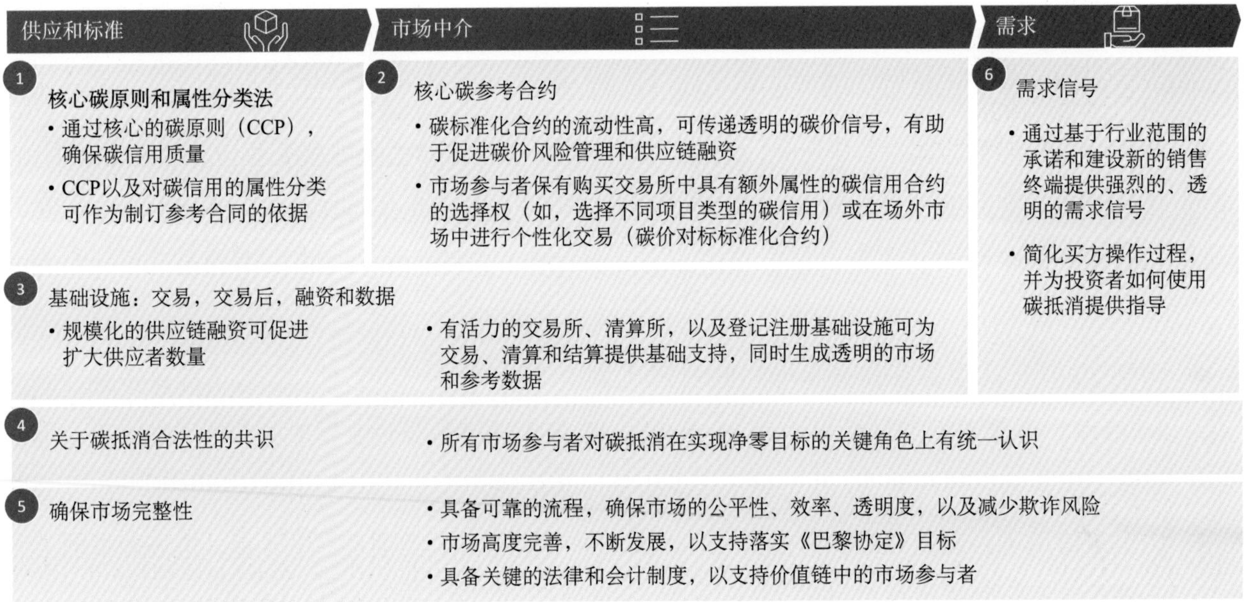

图 1　自愿碳市场愿景

① 工作组成员间的讨论表明，希望碳信用项目的协同效益可被核查是当前买家购买决策中的关键驱动因素。

为实现上述愿景，工作组提出了20项行动建议（见图2和表1），构成工作组蓝图的核心。

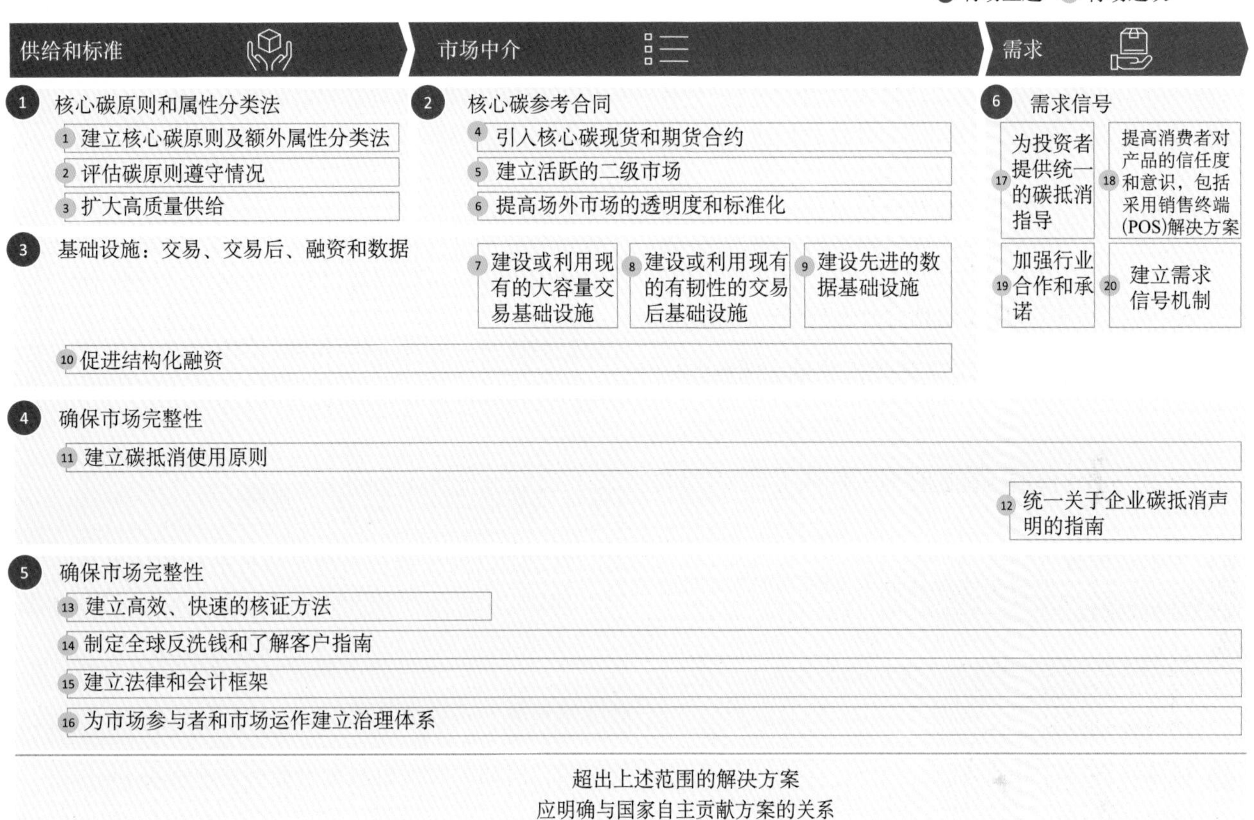

图2 行动建议概览

表1 行动建议详细概览

行动主题	行动建议	描述
❶ 核心碳原则和属性分类法	1. 建立核心碳原则（CCPs）及属性分法	CCPs定义碳信用的门槛性质量标准；碳信用的额外属性主要是为迎合不同买方的偏好建立一个框架
	2. 评估碳原则遵守情况	应根据CCPs评估相关标准和基础方法，确保碳信用质量
	3. 扩大高质量供给	通过鼓励准入，明确评估方法，并提供资金，到2030年，供给需增加15倍以上
❷ 核心碳参考合约	4. 引入核心碳现货和期货合约	标准化的现货和期货合约允许大规模交易，并提供明确的定价信号
	5. 建立活跃的二级市场	碳信用的二级市场可帮助买方管理价格风险，增加流动性和保持灵活性

续表

行动主题	行动建议	描述
❷ 核心碳参考合约	6. 提高场外市场的透明度和标准化程度	场外市场可根据核心碳参考合同及其价格，订立个性化合同
❸ 基础设施：交易、交易后、融资和数据	7. 建设或利用现有的大容量交易基础设施	交易所的碳信用如符合 CCPs，将增加交易的流动性和易购性
	8. 建设或利用现有的有韧性的交易后基础设施	完善包括注册登记系统等交易后的基础设施有助提升市场的完整性和市场功能
	9. 建设先进的数据基础设施	先进的数据基础设施如具有可广泛接入的通用或共享的数据字段或协议，可提高市场透明度
	10. 促进结构化融资	随着市场流动性增强，碳信用项目融资应会增加；在中期，需要混合融资支持扩大规模
❹ 关于碳抵消合法性的共识	11. 建立碳抵消原则	碳抵消原则以及在销售终端的碳抵消原则将为企业如何使用碳信用提供指导
	12. 统一关于企业碳抵消声明的指南	概述公司目前的碳抵消申请中允许碳抵消的类型，并呼吁未来统一碳抵消类型
❺ 确保市场完整性	13. 建立高效、快速的核查方法	数字项目周期的数据协议可以促使核查过程更加高效、有效和安全
	14. 制定全球反洗钱和了解客户指南	全球反洗钱和了解客户指导原则应吸纳金融服务行业的最佳实践经验，并根据自愿碳市场的具体情况进行调整
	15. 建立法律和会计框架	关键的促成要素（例如，标准化文件、财务框架、碳披露或报告机制）对扩大市场规模具有必要性
	16. 对市场参与者和市场运作建立治理体系	未来需要信用级治理（CCPs）和市场级治理
❻ 需求信号	17. 向投资者提供统一的碳抵消指导	应就气候行动和碳抵消向投资者和公司提供明确、有雄心的指导
	18. 提高消费者对产品的信任度和意识，包括采用销售终端解决方案	清晰可信的消费品标签、销售终端基础设施和消费者对碳的认知能力可以帮助扩大销售终端的供应
	19. 加强行业合作和承诺	行业联盟和承诺可非常有效地引发需求
	20. 建立需求信号机制	需求信号对于帮助供应方扩大供给和支持结构化融资至关重要

专栏　避免或减排、去除或封存以及永久封存

碳信用可大致分为两大类：一是由避免或减少碳排放获得的碳信用，二是由去除或封存获得的碳信用。避免或减排类项目可减少现有来源的排放，例如向可再生能源等低碳技术提供资金支持，以及避免导致排放的行为，如减少森林砍伐。去除或封存类项目从大气中捕集、利用和封存二氧化碳，包括通过基于自然的储存，如造林、泥炭地恢复，以及基于技术的去除，如BECCS和DACCS。以上两种碳信用类别可进一步分为4个碳信用子类别，每个子类别都有不同的特点。

一、避免或减排

避免自然损失：限制自然的损失，如可储存和固碳的森林和泥炭地。避免自然损失是自然气候解决方案（NCS）的一部分。此类项目通常对自然和社会有很高的协同效益，例如对项目周边的生物多样性、水质、土壤质量和民生产生积极影响。它们可在不超出碳预算目标的范围内，帮助降低未来所需的除碳量。

基于技术的避免或减排：减少当前来源的排放，这些来源的脱碳行动缺乏财务动力或监管要求。常见的项目包括建设清洁炉灶、捕获甲烷、改变工业流程以实现温室气体减排，以及向可再生能源尚不具备竞争力或未被强制要求使用可再生能源的地区提供资金，支持向可再生能源转型。这些项目通常有改善民生的协同效益。它们可在不超出碳预算目标的范围内，帮助降低未来所需的除碳量。更新的技术可能包括绿氢、可持续航空燃料和绿色水泥。行业合作伙伴关系是帮助在价值链中提出此类解决方案的关键推动因素。

二、去除或封存

以自然为基础的封存：利用自然更多地在生物圈中固碳，包括造林，恢复土壤、红树林和泥炭地。基于自然的封存也是NCS的一部分。此类项目通常对自然和社会有很高的协同效益，如对项目周边的生物多样性、水质、土壤质量和民生产生积极影响。

基于技术的去除：在现代技术的帮助下，通过在地质结构层中或在混凝土中利用或储存二氧化碳等安全方法，去除、利用和封存大气中的二氧化碳。此类解决方案包括BECCS和DACCS，这也是最永久的封存解决方案。

工作组建议，所有项目类型（避免或减排类以及去除或封存类项目，包括降低成本曲线水平和推动新兴技术市场化项目）都需要融资，以满足与1.5℃目标相应的碳预算。为实现《巴黎协定》和全球净零排放目标，有必要增加去除或永久封存类项目的比例。在短期内，可以且应该实施避免或减排类项目；从长期看，资金必须流向去除类项目，包括基于技术的永久封存项目，同时在未来几十年需继续大量投资和维持现有避免自然损失类项目。

在行动建议中，我们通过两种方式应对避免或减少类项目以及去除或封存类项目间的平衡问题：

在主题一和主题二中，我们强调了区分避免或减少类项目和去除或封存类项目的能力。此外，碳信用的购买方将有机会进一步区别地质碳储存和生物碳储存带来的除碳信用。这些区别被视为项目的额外属性。从长远看，可以考虑是否需要单独的碳去除标准化合同。我们建议，建立一个治理机构，长期监督和调整这些决策。

在主题四和主题六中，我们再次注意到，在短期内，所有项目类型都需要最大限度地减缓气候变化。我们强烈建议在中长期转向去除或封存类项目，同时确保在现有的以及新项目中继续投资于避免自然损失的项目。未来的治理结构可以负责确保这一点。我们要求利益相关者在公司有关声明中认可各项目类型具有不同的作用和效益，并建议投资者相应地给予公司明确的指导。

专栏

扩大关键的气候技术

由于不可能在企业价值链活动如差旅、航运或建筑水泥生产中直接减碳，或为此付出太高的成本，企业会通过自愿碳市场来弥补或中和尚未消除的碳排放。目前市场上的项目包括可再生能源、能效和自然气候解决方案等，这些都是减少温室气体和达到净零排放的关键工具。为实现减碳目标，除有效利用这些工具外，促进和支持可改变我们经济的新兴技术的发展也将至关重要——如用于重型运输的低碳燃料、低碳钢和水泥，以及改进的碳去除技术。这些技术起初针对的是可实现碳抵消的排放根源问题，但目前成本太高，无法大规模应用。

展望未来，自愿碳市场可在推动投资最难以商业化的新气候技术方面发挥重要作用。这些技术涉及政府间气候变化专门委员会（IPCC）概述的气候变化减缓路径中的两个关键要素：一是大幅减少排放，其中包括来自难以减少排放部门的排放；二是持久地大规模消除排放。

新兴突破性技术对于实现我们2050年净零排放的目标是必要的。清洁钢（如电气化或低碳氢加热）和低碳燃料（如可持续航空燃料或可持续海洋燃料）等技术的创新将减少未来对化石燃料产品的依赖，并实现大幅减排。通过自愿碳市场推动新兴技术发展对于帮助实现这些解决方案的规模化和低成本应用非常重要。我们可以从成功的气候技术发展历程中学习——比如风能和太阳能——早期的干预措施在降低其成本和相对现有的化石燃料的绿色溢价方面产生了巨大影响。当前的挑战是，为在2050年前推动企业在价值链中具有成本效益地采用这些技术，相较于当初投资风能和太阳能，需使资金更快地投向这些新兴的气候技术。我们知道，今天，在最初减排额的基础上，投资碳信用可以进一步产生气候影响。自愿碳市场通过为公司提供支持走脱碳道路的机会，可支持新兴气候技术的商业化。

BECCS 和 DACCS 等新技术也可提供在大气中持久除碳的解决方案，而不受限于基于自然的解决方案面临的持久性问题。这些技术对于达到为实现全球净零排放所需的除碳量至关重要，但目前成本过高，在我们进行足够的投资降低成本前，其除碳成本将保持在每吨 100 美元以上。我们预计，到 2030 年，来自 BECCS 和液体吸收的 DACCS 的大部分碳信用供给的每吨碳价将在 100—200 美元。自愿碳市场可降低新减排技术的成本，也可促进 BECCS 和 DACCS 等新技术更快地降低成本。该报告针对突破性气候技术相关议题提出如下方案。

行动建议 1

碳信用额外的属性分类应该允许买方一来可选择在促进技术创新的同时兼顾能降低成本曲线的项目，二来可选择通过地质封存除碳的碳信用项目。

行动建议 3

工作组呼吁，为发展减碳类气候技术和基于技术的除碳工作，应加快发展新的碳信用方法。当工作组的工作进入第二阶段时，我们可以开始开展所需做的工作。

行动建议 11

工作组要求公司在自身价值链内考虑购买碳信用，以减少其“范围 3”的排放。这可能有助于促进其对在自身价值链中最难以商业化的项目和技术进行早期投资，降低成本曲线水平，并长期促进减少该行业“范围 3”内的排放。例如，石油、天然气、航空、制造业等高排放行业可建立有效的合作伙伴关系，承诺其自愿的碳减排活动致力于推动这些具有挑战性的低碳解决方案的发展。

其他解决方案包括通过建立中央基金为新技术提供支持。下一工作阶段，治理工作组的部分工作内容是探索引导资金投向突破性新兴技术的确切机制。

核心碳原则与属性分类法

日益扩大的自愿碳市场的成功取决于市场的高度完整性和充足的流动性。这可以通过一组“核心碳原则（CCPs）”和额外属性分类法来实现。

为确保合约可以向碳信用买方和更广泛的生态系统提供保证，真正的减排具有高度的环境完整性，而且没有任何负面的社会或环境负外部性作用，自愿碳市场需与CCPs保持一致。CCPs规定了碳信用、支持标准、方法必须遵守的合格质量标准。这项基础工作可以使相关行动都朝着形成高完整性的自愿碳市场而努力，以完成并提升《巴黎协定》排放目标。

目前，自愿碳市场的流动性不足。① 减排项目具有一系列可能影响其价值的属性（例如，项目类型或地理位置），而买方也有不同的选择偏好。现在柜台交易市场买家与供应商匹配既耗时又低效。

标准化合约将供应商的产品与买方的偏好捆绑在一起，从而使买方和供应商的匹配过程更为有效。买方可以从提高价格透明度、优化风险管理的简化流程中受益。供应商可以从改善融资环境和明确价格信号中获益，从而影响投资决策，并进行价格风险管理。在不断扩大的自愿碳市场提供资金的基础上，越来越多的气候行动将改善地球环境。CCPs从中发挥了关键作用，因为它们是标准化合约的基础。为适应买方不同偏好，应该制定一系列核心参考合约版本。要实现这些目标，必须对额外属性分类法进行定义。

行动建议1

建立核心碳原则和额外属性分类法

CCPs将为核查后每吨二氧化碳（或二氧化碳当量②）的避免、减排、去除、封存等设置合格质量标准。这些质量标准门槛将确保与CCPs相一致的信用③ 符合最高水平的生态环境标准和

① 流动性不足的部分原因是过去10年需求不足导致碳价格较低。增加和积累新需求可以使碳价高于减排成本。

② 如果需要，对于企业进行碳抵消或在气候目标实现声明中使用的碳抵消来源于减排其他温室气体，如甲烷，治理机构应促进就如何可将相应减排量转换为碳抵消额达成共识。

③ “CCP信用”标签描述了按照CCPs批准的标准和方法发行的信用，并不意味着新的信用发行流程。

市场完整性。CCPs应由独立的第三方组织[①]制定、更新。[②]该治理机构的组织设置将在执行摘要（按终端到终端市场治理的需要）边栏中进一步探讨。建立CCPs治理机制的下一步工作计划详见第5章中的实施路线图。CCPs应定义为可用于对所有项目和信用进行分类的额外属性的分类法。额外属性可能包括年份、[③]项目类型（即避免、减排、自然去除、技术去除）、共同利益[如可持续发展目标（SDG）或技术创新的影响]、地理位置以及相应调整。[④]这些属性将赋予买方在设计合约时更多的选择。特别是，一些买家可能只想购买带有去除属性的CCPs信用，因为这些信用可能会满足未来某些要求（例如，净零目标）。因此，从长远来看，可以考虑是否需要单设一个碳去除型核心合约。最初，工作组建议只保留一个核心合约，以避免分散流动性。

行动建议2

评估核心碳原则的遵守情况

有必要请独立第三方机构评估CCPs和额外属性分类法的相关标准和方法。[⑤]虽然这项工作可能由制定CCPs的同一机构开展，但工作组建议这项任务由国际认证论坛（IAF）认可的独立认定与核查机构（VVB）执行。理想情况下，所有相关碳市场标准实体都应采用分类法，该分类法也应明确哪些方法已获得CCPs和额外属性的认证。虽然从方法层面的评估将比标准层面更为烦琐，但它是解决整个价值链重大质量问题的关键。在不损害完整性的前提下，尽可能减少行政负担至关重要。这就需要进一步确定方法评估的详细程度，平衡好行政减负与确保质量之间的关系，了解核查机构与CCPs治理机构互动的方式。

① 选定的主办和管理CCPs的组织将需要对该部门有深入的了解，包括买方需求、碳方法和项目开发方面的记录，以及私营资金如何努力减缓气候变化。他们还需要了解平行的监管举措（例如，欧盟对可持续活动的分类法），并管理对齐或协调的相关领域。

② 这些更新将需要反映对新类型的碳抵消项目 / 方法（例如，土壤隔离形式、基于技术的去除）和对现有方法（例如，每种项目类型所需的缓冲区大小）所作的决定。

③ 每个项目都有三个关键日期：项目开始日期、碳信用发放日期和实际减排的日期。在本报告中，当讨论年份时，我们通常参考最后一个定义：实际减排发生的日期。

④ 相应的调整将在第1章中进一步详细描述。

⑤ CORSIA证明了这是可以实现的。

行动建议 3

扩大高质量供给

为实现到 2030 年将有高质量碳信用的自愿碳市场规模扩大 15 倍以上的目标，碳信用的供应需要在不牺牲完整性或潜在项目对当地影响不大的情况下迅速扩大规模。这种扩大需要自然和技术类项目共同助力。尽管已估算出到 2030 年，每年的潜在碳信用为 80 亿—120 亿吨 CO_2，但要让这一潜力在市场中真正实现，仍存在许多重要的动员挑战。在每年的 80 亿—120 亿吨 CO_2 中，65%—85% 来自自然气候解决方案（NCS），主要是避免了森林砍伐和破坏泥炭地影响（每年 36 亿吨 CO_2）。NCS 的扩大需要小规模项目开发商和大型跨国公司的共同努力。碳信用的消除需要新兴技术（如 BECC、DACCS）和其他技术以及现有大型跨国公司的协作，这些跨国公司完全有能力进一步推动技术产业化。

为了支持小型供应商，工作组建议建立一个供应商 / 融资者配对平台，供应商可以在该平台上传拟建项目。理想情况下，该平台应包括一个供应商风险登记册，允许上传过往项目的开发历史和信用评级，并遵守适用所有自愿碳市场的标准和规定。同时，工作组支持及时稳健地开发负排放技术（如 DACCS、BECCS）和其他成熟的气候技术（如绿氢、可持续航空燃料）利用。工作组认为，在所有供应类别中，碳信用需求方需要采用与 CCPs 一致的方法认定核查过的项目，项目还需要满足所有质量标准，并为不同项目类型设置门槛。工作组建议，该市场应具备前瞻性，通过持续创新[①]等方式最大化短期气候变化减缓的效益和长期气候减缓的潜力。

① 行业合作伙伴关系，旨在激发围绕在其核心价值链中开发这些具有挑战性的低碳解决方案的支持，这将是一个关键的促成因素。

核心碳参考合约

如上所述，当今自愿碳交易市场的关键问题之一是，没有提供每日可靠价格信号的“流动性”参考合约（如现货和期货）。这将导致无法开展价格风险管理，也阻碍了碳信用供应商融资的规模增长。为集中管理流动性并释放由此带来的效益，需要设计可在交易所进行交易的核心碳参考合约。对于买家来说，现货和期货市场可以互补，满足不同需求。现货合约适合希望以当年市场价格购买必要数量的碳信用，以补足买家当前/上一年度碳排放权配额缺口。远期市场适合具有多年碳排放计划和明确碳抵消路径的买家，以管理未来价格波动风险。

制定这些参考合约后，仍会有相当数量的参与者继续倾向于场外交易（OTC）。场外交易合约也可以从核心碳参考合约中受益，因为它们可以以核心碳合约的价格作为基础价格，然后协商额外属性的定价。这将使核心碳合约的相关性进一步增加，同时仍允许为有需要的参与者提供场外交易途径。未来，一些场外交易合约可能需要特殊定制，在核心碳合约基础上，根据项目成本高低商谈具体合约内容。工作组认为，OTC 合约标准化可有效提高一级市场交易效率。

行动建议 4

引入核心碳现货和期货合约

开发、上市以及实物交付（碳信用证书交付）基于CCPs的现货和期货标准化核心碳合约，将促进形成透明的每日市场价格。交易所也可以制定合约模板，将核心碳合约与单独定价的额外属性（例如，项目类型或位置）结合。[①] 上述期货合约应具有合适的期限（如一年期）、清算地点，并可选择不同的财务结算方式（如不发生碳信用证实际交付），并可在所有市场/交易平台上互换，还应通过合并项目方便满足买家不同购买规模的需求。为实现这一目标，重要买家需要积极参与合约设计。

工作组鼓励大型买家通过参考合约，在交易所购买一定份额的自愿信用，以支持自愿碳市场的流动。

① 合约在交易所上市交易将意味着利用现有金融市场基础设施来汇集流动性，这可能进一步促进改善交易监管环境（例如，对交易活动进行的市场监控，开展强制性反洗钱/对参与者进行“了解客户”审查）。

行动建议 5

建立活跃的二级市场

投资者、买方和卖方可以在活跃的二级市场管理和对冲风险敞口。特别是，这些具有流动性的市场将支持自愿减排项目开发商的长期融资，并允许买家管理碳减排承诺所带来的风险。做市商和风险承担者也应参与到二级市场中，以提供额外的流动性。为非金融市场参与者创造进入碳信用二级市场的机会十分必要，这些参与者可能之前在进入交易所或清算所时遇到了一些障碍（例如，未与资本建立密切关系）。还可通过现有银行中介机构、经纪人/零售商，或特定的碳开发银行来提高进入市场的效率。另外，提高买家和卖家对这些进入切入点的认识也很重要。

行动建议 6

提高场外市场的透明度和标准化

场外交易市场在参考合约发展后将继续存在，二者将紧密相连。场外交易市场将受益于参考合约的发展。在谈判场外合约时，双方都可以使用核心碳合约的价格以及标准化额外属性的价格信号作为基础，再对非标准化项目属性（例如，项目类型、地点、年份、SDG 影响和其他共同利益等特殊组合）的价格进行协商。

建议在现有合约，如国际掉期和衍生品协会（ISDA）排放交易附录（详见“行动建议 15”）的基础上改进主协议，这将使一级和二级场外交易市场的信用交易更加有效。此外，提高透明度将有助于场外交易市场发展，而提高透明度的方式之一是引入价格报告机构，如 Platts、OPIS[①]、Argus 或 Heren。

① Platts 和 OPIS 已经发布一部分自愿碳市场的每日价格报告。

基础设施：交易、交易后、融资和数据

需要建立核心的基础设施组件，以实现市场运作。这些组件必须以一种具有韧性、灵活性和能够处理大规模交易量的方式运作。

行动建议 7

建立或利用现有的大容量交易基础设施

健全的交易基础设施是核心碳参考合约（现货和期货）以及反映有限额外属性的合约上市和大规模交易的重要前提。交易所应通过 APIs 等方式允许参与者获取市场数据，还应遵守适当的网络安全标准。场外交易基础设施应继续与交易所基础设施并行，并鼓励场外交易经纪人提高市场数据透明度。

行动建议 8

创建或利用现有有韧性的交易后基础设施

清算所可以支持期货市场正常运转、提供交易对手违约保护，也应该通过 APIs 等方式公开相关数据（例如，未平仓量）。原始注册机构应为买方和供应商提供托管式服务，并在现有注册机构中为单个项目创建标准化发行编号［类似于资本市场中的国际证券识别号（ISINs）概念］。原始注册机构和标准提供商的下属注册中心应采用适当的网络安全标准，以防黑客攻击。

行动建议 9

建设先进的数据基础设施

及时的前沿数据对市场环境和资本市场至关重要。特别是，数据提供商应该提供透明基础数据和市场数据，但由于注册数据访问受限和透明度有限，且场外交易市场透明度有限，目前这些数据不易获得。例如，工作组鼓励公开碳信用注销（retirement of credits）情况，包括注销信用的实体名称的详细声明。数据提供商还应收集并提供存量项目和项目开发商等的业绩和风险数据，以促进结构化融资和场外合约的制定。这就需要原始注册机构支持建设新设施，为交易双方提高新报告和分析服务（跨注册机构）水平。

其中，关键因素在于所有注册机构都通过开放 APIs 提供参考数据，包括抵消产品标记语言（OpML），以确保数据参数的一致性。

此外，中介机构（例如，交易所和清算所）应在其现有数据流中包含交易信息。

行动建议 10

促进结构化融资

银行和其他供应链融资机构应以经核查的碳信用权益为抵押的方式，为项目开发商提供贷款便利（包括资本支出和营运资本）。从中长期来看，一个具备流动性的碳信用现货和期货合约市场将为结构性融资提供良好基础，因为它既可以提供清晰的定价，又可以进行风险转移，从而提高项目整体融资能力。结构化融资标准方式是根据承购协议的预期现金流提供融资，在当期投资/资本需求和资产预期未来现金流之间架起桥梁。因为期货合约不会在短期内实现，所以需要额外的结构化融资方案来为开发商提供一套全面的解决方案。目前，一些碳信用项目开发机构迟迟未获得资金支持，与缺乏碳信用历史或项目开发经验息息相关。工作组建议采取以下步骤促进结构化融资的发展：

- 提高风险数据透明度，包括历史项目/供应商绩效。[①]
- 为供应商和融资方开发匹配平台（见建议行动 3）。
- 培训整个生态系统的金融从业者，加快执行风险能力评估。
- 为碳抵消项目提供资金的银行进行认证（例如，开发“碳抵消金融机构”标签或扩展现有标签）。
- 鼓励现有开发银行和绿色投资银行承诺增加对碳供应商的贷款便利，特别是增加对小微供应商的贷款便利（从长远来看，工作组的目标是创建一个能够为减排提供单独资金的市场；使用公共财政资金仅是解决问题的方案之一）。
- 在反洗钱/了解客户（AML/KYC）方面保持透明度和高标准。

① 这可以由市场上的数据提供商来实现。

关于碳抵消合法性的共识

自愿碳市场发展面临一个关键问题，即在支持实现净零目标方面，人们缺乏对碳抵消作用的共同愿景和理解。

行动建议 11

建立碳抵消原则

建立碳抵消原则有助于确保碳抵消不会以任何形式减少企业内部针对“范围 1”至“范围 3”的排放所做的减缓气候变化的努力。工作组为企业推荐了两套原则。第一，与净零目标一致的企业碳抵消声明和使用原则，其中提出了针对企业买家使用碳抵消的指导方针：

• 减少。企业应公开披露减排承诺、详细的转型计划，以及针对这些计划的年度执行进展，以根据《巴黎协定》尽可能将升温限制在 1.5℃以内的目标，科学地对运营和价值链进行脱碳，并利用最佳可用数据，充分优先实施这些承诺和计划。[①] 公开披露（或接受外部审计）等落实了这些承诺和计划的依据。

• 报告。企业应每年采用公认的第三方企业温室气体计量和报告标准，测量和报告“范围 1”“范围 2”和“范围 3”（如可能）的温室气体排放量情况[②]。

• 碳抵消。强烈鼓励企业通过购买和注销根据可信的第三方标准产生的碳信用额度，补偿在向净零转型期间每年未减少的排放份额。[③] 企业也需要考虑到，碳抵消不能取代根据科学减少价值链排放的需要。[④]

第二，在产品中或在产品销售终端使用碳信用的原则将要求，在设计面向消费者的产品或终端销售品中应设定高标准的原则（详见第 4 章）。我们建议这些原则应由一个独立的机构进一步制定、管理和完善。一个独立的自愿碳市场雄心需求加速器（High Ambition Demand Accelerator for the Volantary Carbon Market，HADA-VCM）[⑤] 将承担这一角色。

---

① 仍需明确关于谁可以决定“最佳可用的气候科学”是什么的指导，以及企业适应变化宽限期的指导。

② “范围 1”包括来自自身或受控制来源的直接排放。“范围 2”包括报告公司外购电力、蒸汽、热力和冷气等产生的间接排放。“范围 3”包括在公司价值链中发生的所有其他间接排放。

③ 只要碳抵消是向可靠的净零转型计划中的一部分，公司就不必承诺抵消所有排放；这些抵消既可以来自避免或减少排放类项目，也可以来自去除或封存类项目。

④ 引述自科学碳目标倡议（SBTi）。

⑤ 该名称为暂用名称。

行动建议 12

统一关于企业碳抵消声明的指南

对于正在开展的倡议，需要就在企业有关声明中如何使用碳抵消达成一致。这些倡议包括 HADA-VCM 和基于科学的目标倡议（SBTi）等，它致力于明确碳抵消在支持做出净零声明中的角色（参见科学碳目标倡议战略 5（SBTi's strategy 5）[①] 中阐述的方法），也包括由投资者发起的“气候行动 100+”和净零资产所有者联盟（NZAOA）等组织提出的倡议。上述倡议致力于为企业提供气候行动指导。此外，工作组呼吁调整碳核算和企业要求标准（其他正在进行的工作见第四章）。

① SBTi 企业部门基于科学的净零目标设定。

确保市场完整性

应进一步提高自愿碳市场的完整性。目前，市场缺乏一个强有力的治理机构来决定参与者的资格，加强检验和核查流程[①]，并打击可能存在的欺诈或洗钱活动。例如，供应的高度碎片化性质会产生错误和欺诈的可能性（例如，审计人员和项目开发人员之间的潜在利益冲突、基线建模中的问题、多个标准下的双重计算）。特别是由于缺乏价格透明度和监管，存在洗钱的可能性。最后，由于各市场参与者都在独立地审查交易对手，反洗钱和了解客户工作可能存在重复。为促进市场诚信，工作组建议采取三项行动。

行动建议 13

建立高效、快速的核证方法

工作组鼓励在适当情况下继续朝着明确的（数字）项目周期发展，以减少交付时间和成本并提高完整性。第一步，工作组建议开发适用所有标准的共享数字数据协议。该数据协议应针对特定项目类型量身打造，包括通过定义必要的项目数据字段和程序，以保护核查过程的完整性。此外，技术正在迅速发展。工作组建议共享数字数据协议探索使用卫星成像、数字传感器和分布式记录技术（DLT），以进一步提高录入速度、准确性和完整性。使用数字数据协议可能是迈向对所有碳信用数据进行更广泛的全生命周期和价值链跟踪的第一步。工作组认为，监测、报告和核查（MRV）涉及全球的核查认证团体，其中有的既参与强制碳市场的核查认证，也参与自愿碳市场的核查认证。两者的核查认证过程应保持一致。

行动建议 14

制定反洗钱和了解客户指南

在当前没有相关监管法律的情况下，制定与贸易和银行业现有法规一致的反洗钱和了解客户指南尤为重要，但这项工作超出了工作组的业务范围。该工作将包括针对特定市场参与群体（如供应商、买家和中介机构）制定反洗钱措施和了解客户指南，并为负责上述工作的市场参与者编制指南。治理机构需要制定这些指南，并确保其与国际上现有的其他机构［如金融行动特别工作组（FATF）］制定的相关指南保持一致。

① 其中许多实例与以前的认证过程有关。特别是，我们注意到之前有核查人员称没有能力和/或资源来进行充分检验或核查的案例，以及未处理项目开发人员和审计人员之间的利益冲突的案例。

行动建议 15

建立法律和会计框架

许多法律和会计因素可以支持推动自愿碳市场具有合法性和有效性。工作组注意到，为满足自愿碳市场的法律和会计需求，有一些工作正在开展，但它们相对较新，可以从增加相互协调和相互支持中受益。这些需求包括标准化合约、财务会计方法和碳信用披露 / 会计。为活跃场内交易和场外交易，需要制定一级和二级市场的标准化文件。类似证券化的合约可为捆绑出售碳信用提供有效工具。任何文件都应以适当的法律意见为基础。在财务会计方面，目前，对于在自愿市场中购买的碳信用，缺乏如何对其记账的［例如，作为资产或费用）明确指导。工作组鼓励国际会计机构［例如，国际财务报告准则（IFRS）或公认会计原则（GAAP）］对此予以进一步明确。最后，与碳抵消使用相关的报告 / 披露是需求信号和市场合法性的重要推动因素。公司应像在报告项目类型上所具有的透明度一样，分别报告直接排放和所购碳抵消情况。工作组鼓励温室气体协议等组织明确除碳类项目的碳信用是否可抵消公司在“范围 1”至“范围 3”的碳足迹。工作组认为需要适当的治理机构来制定和完善这些标准合约、财务会计指南和碳会计指南（参见专栏“终端到终端治理的必要性”）。

行动建议 16

为市场参与者和市场运作建立治理体系

为了确保市场的完整性和运作，需要在 3 个方面进行强有力的治理:（1）参与者资格;（2）参与者监督;（3）市场运作。首先，参与者资格可能包括设定买方、供应商和中介机构为参与自愿碳市场必须遵守的原则。其次，在参与者监督方面，工作组建议尽量减少 MRV 过程中的利益冲突，并为认定与核查机构（VVBs）的行为提供认证、审计和抽查。[①] 最后，在监督市场运作方面，可能包括制定预防整个价值链欺诈的原则，包括根据“行动建议 14”确保开展良好的反洗钱实践，还包括建立、管理和完善“行动建议 11”中提出的碳抵消使用原则，以及买家或投资者可持有碳信用额度的期限（参见专栏“终端到终端市场治理的必要性”）。

① 现有认证体系已存在，国家认证机构（ABs）根据 ISO14065 对 VVBs 进行认证。这一过程通过由 ABs 进行的同行评估系统得到加强，以评估其他 ABs 在其地理区域内发挥作用的有效性。国际认证论坛（IAF）旨在为认证中使用的 ISO 标准提供指导。这个过程以目前的形式可能已经足够，但也可能需要进一步评估。

专栏 **终端到终端市场治理的必要性**

综合治理对于确保自愿碳市场价值链的高度完整性至关重要。工作组认为需要在三个关键领域建立治理结构:(1)监督核心碳原则的管理、完善和评估;(2)市场原则;(3)法律和会计规则在这三个关键治理需求的基础上，价值链中存在一系列更详细的治理考虑因素(见图4)。“行动建议1”“行动建议2”“行动建议14”和“行动建议16”中概述了治理需求的具体内容。

为确保全面治理，工作组建议现有的和新成立的治理机构相互沟通合作。对于检验和核查机构的认证等需求，IAF提供了现成的监督模型。对于市场和金融工具，有当地监管机构，例如CFTC；IFRS和GAAP是财务会计的国际标准。但是，这些仍未涵盖当前的一些需求，如管理和完善核心碳原则。工作组认识到需要进一步规划治理需求，确定角色和职责以及使利益冲突最小化所需的治理架构。为了明晰这一复杂的治理格局，工作组建议实施路线图包括一项具体的可交付成果，以开展进一步的工作。这可能包括建立一个伞形治理机构，该机构也可以满足所需的治理需求[例如，管理和完善核心碳原则(CCPs)]。

新的治理机构需要丰富的专业知识和资源，并需要进一步为这些职能设定融资模式。对于识别、任命和监督各方承担所应承担的角色的过程，应进行适当的治理。在这些治理机构中，应注意确保基本的正当程序/程序公平要求。其中的要素包括独立性、无偏见和利益冲突，以及让支持者有权发表意见、提交意见、收到影响他们等候决定的通知、获得决定的书面理由，并对最严肃的决定有有限的质疑权。应该非常仔细地考虑机构各层级的多样性和平衡性，特别是发展中国家的代表性。许多项目都在发展中国家建设运营，因此发展中国家的相关观点应成为讨论焦点。最后，鉴于自愿碳市场的全球化，国际监管机构应与治理机构之间进行沟通和协调，以促进跨司法管辖区的市场的安全和透明度。

第5章的实施路线图将进一步详细介绍明确未来治理机构的潜在路径。

<table>
<tr><td colspan="3"></td><td colspan="3">供给</td><td colspan="5">市场及中介</td><td>需求</td></tr>
<tr><td colspan="3">治理角色</td><td>项目设计和开发</td><td>认定</td><td>认证/确保</td><td>供给侧金融</td><td>交易（定价、实施）</td><td>风险管理</td><td>结算和注销</td><td>市场和指数</td><td>自愿性</td></tr>
<tr><td rowspan="10">伞形监督</td><td rowspan="2">CCPs：核心碳原则</td><td>CCPs和额外属性的定义</td><td colspan="9">建立、主持和管理核心碳原则和附加属性，为筛选或排除项目提供指导</td></tr>
<tr><td>遵守CCPs</td><td></td><td colspan="2">评估CCPs方法学的有效性</td><td colspan="6"></td></tr>
<tr><td rowspan="5">市场完整性原则</td><td>参与者资格</td><td colspan="9">制定供应商、市场中介机构和买家必须遵守的原则，以参与自愿碳市场</td></tr>
<tr><td rowspan="2">参与制定者监督</td><td rowspan="2">制定供应承诺指导方针（例如供应商保证模板）</td><td colspan="2" rowspan="2">对VVB提供认证、指导和监督（包括抽查）；
在需要时提高VVB职责</td><td colspan="3" rowspan="4">制定大宗商品交易监管的原则（如衍生品、期货规则）；
打击洗钱、欺诈性交易和过度投机</td><td rowspan="4">元注册监管机构</td><td colspan="2">制定买方承诺指导方针（例如买家保证模板）</td></tr>
<tr><td colspan="2">为公司的抵消请求提供指导</td></tr>
<tr><td rowspan="2">市场运作</td><td colspan="3">制定防范供应侧欺诈的机制（如重复计算、误报）</td><td colspan="2" rowspan="2">建立、管理和修订碳抵消原则</td></tr>
<tr><td colspan="3">为加速MRV项目周期，促进其数字化制定必要的原则</td></tr>
<tr><td rowspan="3">法律和会计原则</td><td>法律</td><td colspan="9">主持/完善场外交易和证券化的标准化合同（具有适当的法律基础）</td></tr>
<tr><td rowspan="2">会计</td><td colspan="9">为碳抵消提供财务会计指导</td></tr>
<tr><td colspan="9">为和碳抵消相关的碳会计提供指导</td></tr>
</table>

图3　治理机构

需求信号

工作组认为，明确的需求信号将为推动具有流动性的市场的发展和扩大供应提供动力，可能是扩大市场规模的最重要因素之一。为此，工作组提出以下建议。

行动建议 17

为投资者提供统一的碳抵消指导

统一对投资者关于自愿碳抵消作用的指导，可以成为促进需求增长的有力杠杆。工作组建议有关投资者联盟，如气候变化机构投资者集团（IIGCC）、“气候行动 100+”和净零资产所有者联盟承认，虽然减排仍是企业的首要任务，但碳抵消在实现《巴黎协定》的宏伟蓝图方面发挥着有限但重要的作用。这可以通过为企业制定明确的指南来实现，包括在进行碳抵消的过程中遵守工作组制定的原则。

行动建议 18

提高消费者对产品的信任度和意识，包括采用销售终端（POS）解决方案

实施跨部门的消费者解决方案可以迅速扩大对自愿碳信用的需求。这包括 B2C 和 B2B 的销售（例如，B2C 的碳中和牛奶，以及 B2B 的碳中和液化天然气）。工作组建议使消费品符合核心碳原则。这将提高有关碳抵消声明的合理性和一致性。为提高这些产品的可信度和消费者意识，需加强产品质量、透明度和对消费者的教育。

工作组建议对于企业有关碳的声明，应有明确和一致的要求，如使用清晰的碳标签，并扩大现有的销售终端产品的使用。使用数字技术，有利于利用现有销售终端进行碳信用产品的交易（如购买抵消机票），如使碳信用注册登记所能连接涉及自愿碳信用微型交易的软件。此外，必须支持与提高消费者碳意识相关的努力。

行动建议 19

增加行业合作和承诺

通过联盟、承诺、行业销售终端等行业合作计划，确定并支持重点行业，可以促进碳抵消需求增长。石油和天然气、钢铁和水泥等难以减排的行业对碳信用的需求可能是最大的。考虑到变革的迫切需要，企业应该在受到相关减排监管前制定有雄心的目标。

行动建议 20

建立需求信号机制

为终端买家建立有效的未来需求信号将会提高市场透明度并促进扩大碳信用规模。工作组鼓励企业发出长期需求信号（例如，通过长期承购协议或减排承诺实现）。企业对于在达到净零前的阶段性需求以及达到净零目标后的可能需求，可以更为透明。例如，通过标准制定者（如 SBTi 或 CDP）或数据提供者建立的买方承诺登记处，登记自身的减排承诺和购买碳信用的需求。

实施路线图

展望未来，工作组将继续努力扩大有效和高效的自愿碳市场，以帮助实现《巴黎协定》目标。工作组已经制定了实施路线图，根据建议行动列出了 8 个工作领域（见图 4）。这些工作领域包括：

A. 利益相关者参与

B. 治理

C. 法律和会计原则

D. 碳信用水平的完整性

E. 参与者水平的完整性

F. 需求和供给承诺引擎

G. 交易量和市场基础设施

H. 相应调整

工作领域	蓝图的行动建议
A 利益相关者参与	贯穿所有建议的行动
B 治理	② 评估核心碳原则的遵守情况；⑯ 为市场参与者和市场运作建立治理体系；⑬ 建立高效、快速的核查方法；⑭ 制定全球反洗钱(AML)和了解客户(KYC)指南
C 法律原则与合约	④ 引入核心碳现货和期货合约；⑮ 建立法律和会计框架
D 碳信用水平的完整性	① 建立核心碳原则和额外属性分类法
E 参与者水平的完整性	⑪ 统一关于企业碳抵消声明的指南；⑫ 建立碳抵消原则
F 需求和供给引擎	③ 扩大高质量供给；⑰ 为投资者提供统一的碳抵消指导；⑱ 提高消费者对产品的信任度和意识，包括采用销售终端（POS）解决方案。；⑲ 加强行业合作和承诺；⑳ 建立需求信号机制
G 交易量和市场基础设施	⑤ 建立活跃的二级市场；⑥ 提高场外（OTC）市场透明度和标准化；⑦ 建立或利用现有的大容量交易基础设施；⑧ 建设或利用现有的有韧性的交易后基础设施；⑨ 建设先进的数据基础设施；⑩ 促进结构化融资
H 相应调整	不在蓝图范围内

图 4　2021 年的工作领域

在未来几个月里，工作组将通过建立一系列子工作组，重点关注第一个工作领域（图 4 中 A 至 D）的工作。图 4 中从 E 到 I 的工作领域将由其他相关方来推动（详见第 5 章）。

我们期待与广泛的公共和私营利益相关者接触，以增强行动力，将蓝图转化为行动，并帮助扩大自愿碳市场规模，以支持净零目标。

碳信用和气候变化

1．碳市场的重要性

2．扩大自愿碳市场规模的蓝图

3．扩大自愿碳市场的要求

4．展望：自愿碳市场需求、供给和价格设想

5．蓝图及建议

6．实施路线图

1. 碳市场的重要性

要实现《巴黎协定》将温升幅度控制在1.5℃以内的长期目标，需要在全球范围内对经济的各个方面进行脱碳。[①]2018年，政府间气候变化专门委员会（IPCC）表示，要实现1.5℃温控目标，到2030年需要减少约50%（230亿吨）[②]的二氧化碳排放，到2050年通过去除大气中的二氧化碳实现净零排放。[③]工作组致力于支持实现1.5℃目标。

随着各部门/机构在业务运营和价值链方面进行脱碳，会逐步形成一个共识，即现有技术只能以高成本消除特定来源排放，不能消除其他来源排放。自愿购买的碳信用使各机构能够通过提供资金支持减少其他来源的排放或去除大气中的温室气体来补偿这些剩余的排放[④]。在某些领域，一些公司不仅在寻求减少当前的排放，而且还在寻求弥补过去对气候变化的影响。在此大背景下，可以交易碳信用的自愿碳市场将通过去除或封存、避免或减少碳排放，在实现净零目标等雄心勃勃的气候战略中发挥越来越重要的作用。自愿碳市场将与强制碳市场形成合力，共同助力实现净零目标。

考虑到自愿碳市场在实现净零碳排放方面的重要性，国际金融研究所（IIF）成立扩大自愿碳市场工作组，其任务是为自愿碳市场制定蓝图，以满足更大的碳信用需求。

本章进一步介绍了碳信用需求点，以及工作组就如何扩大自愿市场及应对挑战提出的解决方案。

自愿碳市场在支持全球净零目标方面的作用

按照目前的排放趋势，到2100年，全球平均气温可能将比工业化前的水平高出3.5℃。[⑤]如此大幅度的温度上升将促使关键的自然碳汇（包括永久冻土层或亚马逊雨林）超越危险的临界点，在气候系统中引发有害的反馈环（如冰的流失、甲烷的快速释放和海洋环流的变化），这将扩大人为带来的排放的影响。火灾、洪水和风暴等物理影响的频率和强度将继续增加，给生

① 与《京都议定书》不同，《巴黎协定》有效地涵盖了大部分温室气体排放，并使其成为各国政府的责任。资料来源：联合国气候变化框架公约（2015-12-15）.《巴黎协定》unfccc.int。

② IPCC（政府间气候变化专门委员会）(2018-10-8). 关于全球变暖1.5℃的特别报告摘要. ipcc.ch。

③ 我们认识到，在气候敏感性和建模假设的作用下，情况存在不确定性。然而，任何进一步的评论都超出了本报告的范围。我们的案例基于IPCC关于1.5℃路径的指导。

④ 随着各国朝着净零目标立法进程的迈进，这些目标将由政府执行，任何难以减排且有剩余排放部门的公司都可能需要在合规的基础上证明它们要么将这些排放减少到零，或者对这些排放进行碳抵消。如果公司选择碳抵消这些剩余排放，那么这些碳抵消可能不再是纯粹“自愿的”，因为公司可能开始面临报告它们使用碳信用的法律义务。

⑤ IPCC的代表性浓度路径（RCP）情境8.5指出，全球平均温升为3.7℃，可能的范围为2.6℃至4.8℃。

态系统和人类带来巨大影响。从社会经济的角度来看，有 5 个系统直接受到气候变化的影响：宜居性和可工作能力、食品、实物资产、基础设施和自然资本。① 数十亿人的生命将受到影响，金融市场和经济也将面临显著的连锁影响。

气候变化的影响已显现，并将进一步恶化。为避免未来气候出现最糟糕的情况，需要全世界共同努力将全球温升限制在 1.5℃。

如上所述，为实现 1.5℃目标所需的 2050 年净零路径，需要从现在开始，在所有经济部门进行深度、快速的减排。然而，全球可能将继续依赖经济和工业，其中各部门在运转过程中的脱碳尤其是落实减缓和适应措施方面存在实际困难。例如，制造水泥的传统流程涉及的煅烧过程，是水泥行业碳排放的主要来源。虽然新兴的“绿色”水泥技术可制造低排放或负排放的水泥，但该技术的应用在短期内不可能达到必要规模。因此，为实现净零排放，剩余排放必须通过使用 BECCS、DACCS、自然气候解决方案（NCS）等负排放技术（见图 5），从大气中去除二氧化碳。

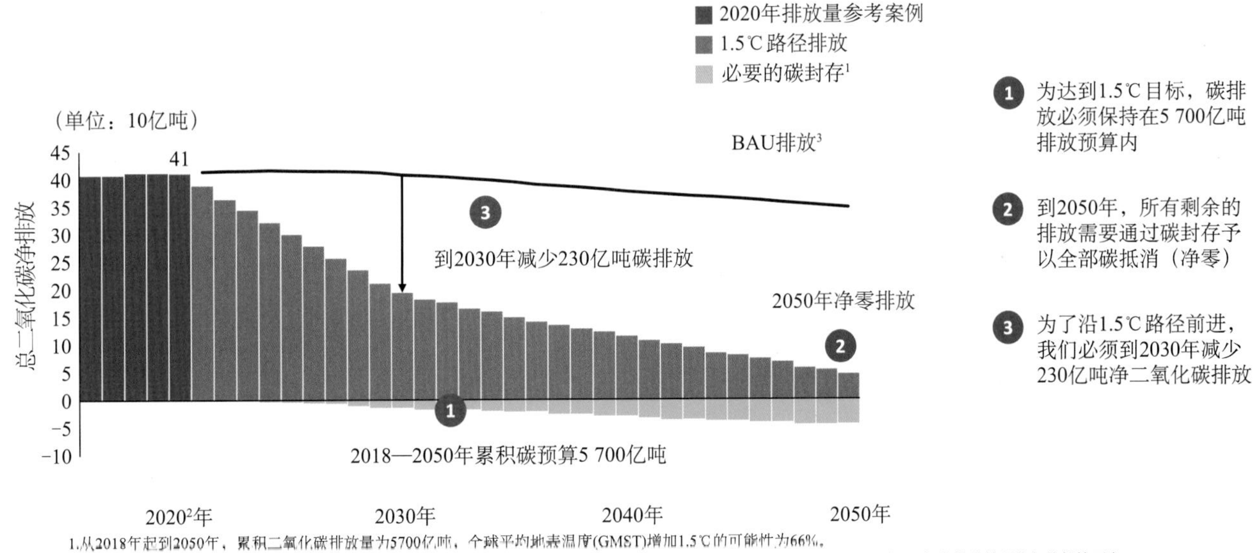

1.从2018年起到2050年，累积二氧化碳排放量为5700亿吨，全球平均地表温度(GMST)增加1.5℃的可能性为66%。
2.虽然受新冠肺炎疫情带来的各地封锁的影响，碳排放量最多下降了四分之一，但日排放量仅比2019年的水平低了5%，到2050年的排放情况将仍然保持不变。引自《自然》期刊：《新冠肺炎疫情对当前和未来的全球气候影响》。
3.BAU：Business as usual，即基于成本的电力基准排放情境。
资料来源：麦肯锡1.5℃情景分析；IPCC；Le Quéré等，2018年。

图 5　1.5℃路径排放

稳健和高效的自愿碳市场可以使私营部门行动者能够采取雄心勃勃的措施，通过购买和注销碳信用作为碳抵消，补偿其对气候风险的影响。碳信用是可核查的气候变化减缓量，买方可通过提供资金支持减少或避免碳排放的活动，以及支持去除或封存大气中二氧化碳的项目，抵消其自身产生的碳排放量。这些活动通过采用技术或其他实践可避免潜在的未来碳排放，但在缺乏这些资金支

① Jonathan Woetzel,Dickon Pinner, Hamid Samandari, Hauke Engel, Mekala Krishnan, Brodie Boland 和 Carter Powis（2020-1-16）. 气候风险与响应：现实危害与社会经济影响 . 麦肯锡全球研究所，McKinsey.com.

持的情况下可能不会开展。其中，减少或避免碳排放的活动包括采用可再生能源而不是化石燃料的项目、能效类项目、清洁炉灶项目、捕获和去除工业生产过程中的温室气体的项目，以及减少毁林带来的碳减排项目等。去除或封存大气中二氧化碳的项目包括采用负排放技术的项目、使用特定的基于自然的解决方案的项目（如植树造林或蓝碳等）。

在本报告中，我们通常使用“碳信用”来描述经核查的、所产生的、用于交易和注销的，所减少或去除的温室气体排放，并用“碳抵消”来描述为其他气候变化减缓行动提供资金，以补偿或中和自身碳足迹的行为。

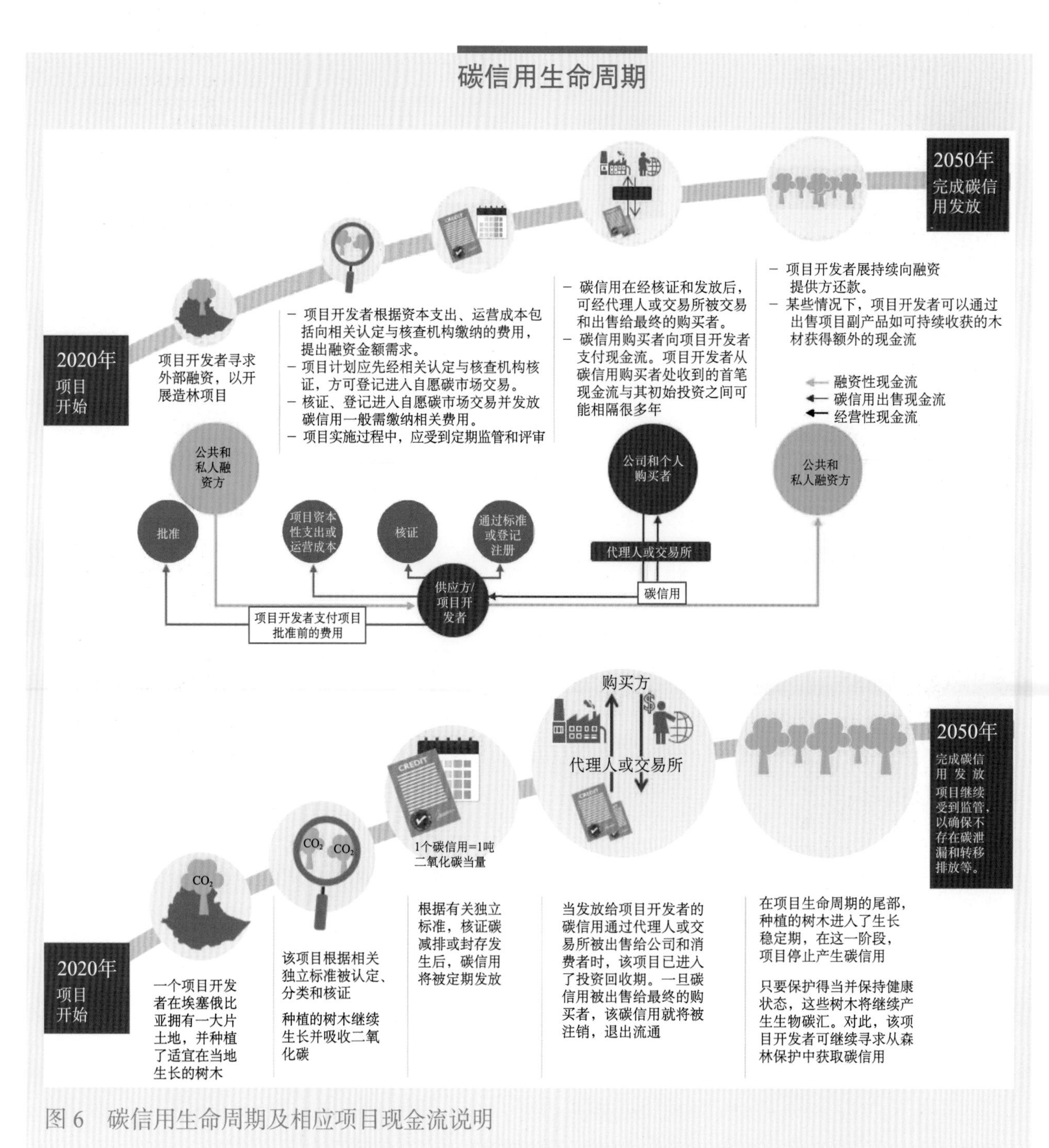

图 6　碳信用生命周期及相应项目现金流说明

项目背景

可以利用垃圾产生沼气，产生用于烹饪或发电的甲烷气体。但是，沼气池资本成本高、相关技术复杂，农民难以在其农场安装沼气池。碳信用可以为该项目提供资金

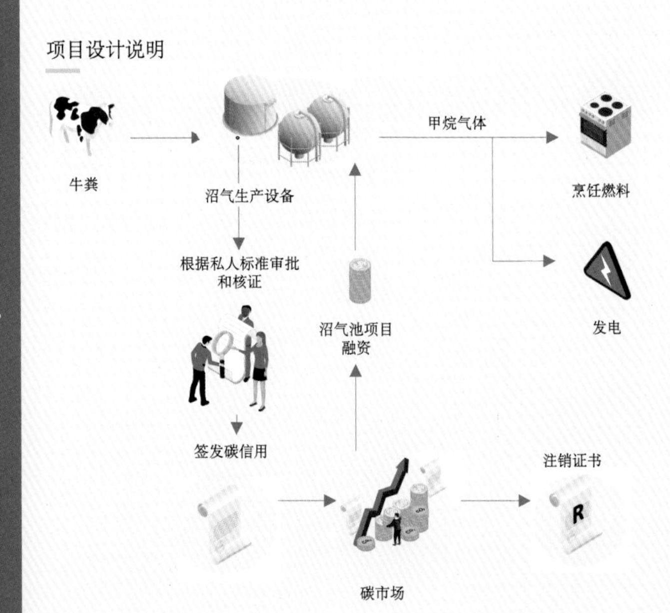

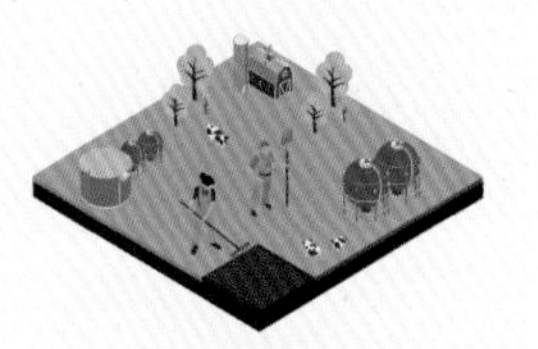

潜在的协同效益

- 生产有机肥，提高作物产量；
- 在项目建设和维护中，可以促进当地就业、进行职业培训；
- 减少废物带来的异味，并减少急性下呼吸道感染病例；
- 减少对木材作为燃料的依赖；
- 改善农民生活质量，包括对家庭劳动力的再分配

项目背景

被毁林的土地曾经为牧场。由于毁林土地地理位置偏远、相关投资和专业知识匮乏，阻碍了造林活动。土地所有者出售了该片土地后，项目开发者认为土地可以开展再造林活动，并确保种植本地物种，不损害现有的生态系统

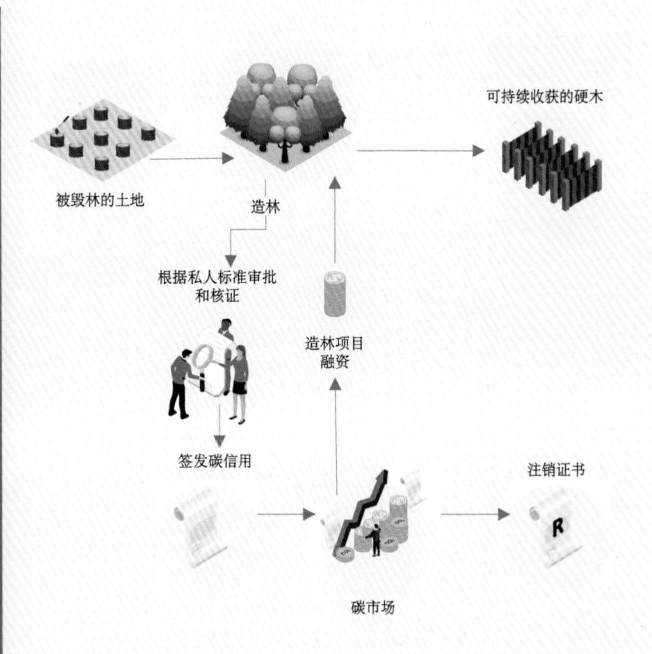

潜在的协同效益

- 该地区的自然资源之间可发挥更好的协同作用（如保持土壤水分和健康）；
- 建立野生动物生态系统走廊；
- 支持认员、创造当地就业机会；
- 在可持续活动的重要性方面开展能力建设

图 7 项目案例

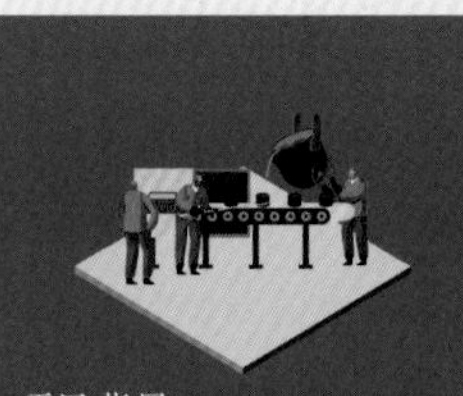

项目背景

对于钢铁行业，现在的行业通行做法是使用基础的氧气炉。由于氧化铁和碳之间的自然反应（以炭化的形式），会产生二氧化碳这一副产品，因此相关过程属于碳密集型的。

通过用低碳的氢取代天然气，可以直接还原铁，降低能源密度，因为这一过程会产生水而不是二氧化碳。另一更加低碳的路径是使用完全由可再生能源支持运转的电弧炉。

通过自愿碳市场支持绿钢相关项目的方式仍待发展

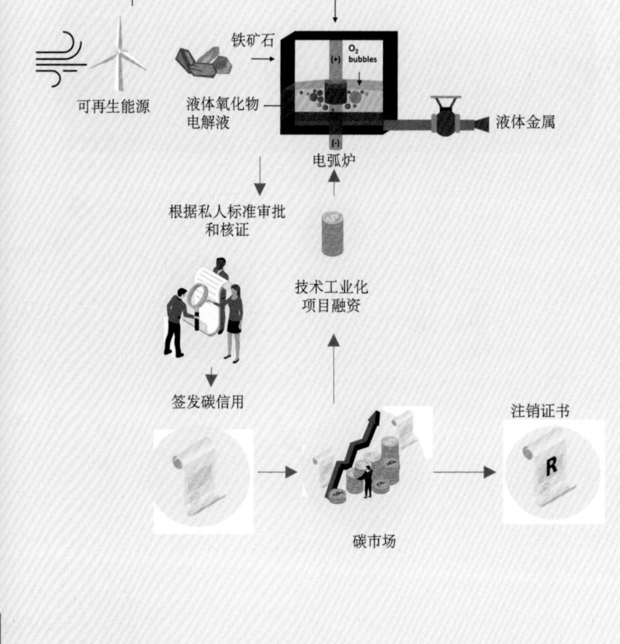

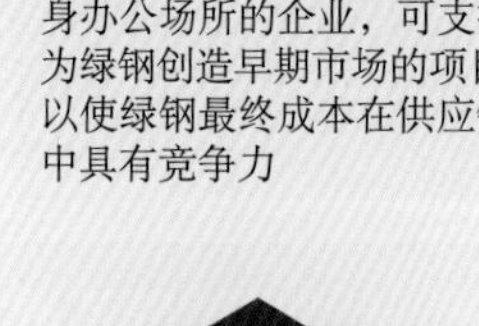

潜在的协同效益

- 预计需数十年实现这些新技术的商业工业化；
- 为加速上述过程，自愿碳市场可起到作用，即投资这些技术，使其在更短的时间内应用于更多企业，直至该技术商业可行，不需碳抵消或补贴资金支持，由此复制光伏市场化发展之路；
- 供应链与钢铁生产紧密相关的买方，包括制造业企业、汽车行业，及建设和拥有自身办公场所的企业，可支持为绿钢创造早期市场的项目，以使绿钢最终成本在供应链中具有竞争力

项目背景

航空业的温室气体排放目前占温室气体排放总量的2%至3%，但一些预测显示，这一占比到2050年最多可增加至25%。由于电池的重量、在飞行途中难以给电池充电等因素，航空业的电气化应用充满挑战。因此，可持续航空燃料（SAF）成为减排的关键。目前，SAF已可商业化，但其价格比通常用于航空燃料的煤油贵2-3倍。SAF的这一“绿色溢价”是该技术规模化应用的主要障碍。

通过自愿碳市场支持SAF相关项目的方式仍待发展

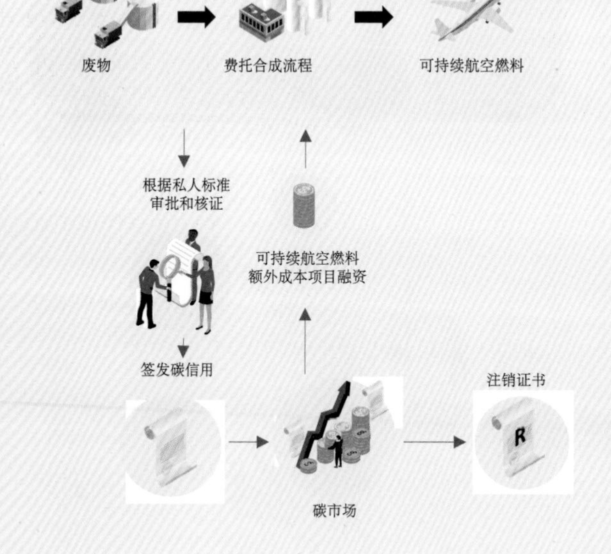

潜在的协同效益

- 利用的废物原本可能在垃圾场处理，并缓慢释放污染气体；
- 获得的资金也可用于与生产低碳航空燃料相关的研究和新发展路径；
- 学习的经验也可用于其他行业如海运业的可持续燃料发展；
- 对于价值链与航空排放密切相关的买方如碳排放足迹大的航空公司而言，可以提供资金支持建立SAF早期市场的项目，最终使其成本在价值链中具有竞争力

图7 项目案例（续）

2. 扩大自愿碳市场规模的蓝图

2.1 工作组简介

为满足产生和交易高质量碳信用的迫切需要，IIF 成立了一个私营部门工作组，汇聚起众多自愿碳市场供应链专家。工作组将帮助发展一个规模可扩大、流通性强、透明、高度完整和可靠的自愿碳市场。

工作组将学习迄今为止的最佳实践，并从当前所有的碳市场中汲取经验。图 8 展示了工作组的组织结构，其中借鉴了气候相关财务信息披露工作组（TCFD）的运作经验。

图 8　工作组组织结构

2.2 宗旨

扩大自愿碳市场工作组的宗旨是利用私营部门的专业知识为自愿碳市场制定蓝图，其中包括：

- 以一种无缝、具有成本效益和透明的方式衔接碳信用供给与需求；
- 提升对被交换和交易的碳信用的信心，并确保其可信度；
- 随着越来越多的公司承诺支持实现《巴黎协定》有关 1.5℃目标的雄心，自愿碳市场规模可随之扩大，以满足预期碳信用增长需求。

2.3 工作范围

当前是建立有效碳市场基础设施的时候了。预计于2021年底在格拉斯哥举行的《联合国气候变化框架公约》(UNFCCC)第26届缔约方会议(COP26)上将就有关新规则达成一致意见。在COP26上，各缔约方将提交更有雄心的国家减排计划，并就《巴黎协定》第6条关于建立国际碳市场的具体细则，如减缓的国际会计和转移规则，达成一致。作为《巴黎规则》实施细则的组成部分之一，这些规则将决定在一国实现的碳减排如何被转移计算为另一个国家的碳减排，从而实现会计上的平衡，避免同样的减排量被重复计算到两个国家的国家自主贡献中。这些就是关于《巴黎协定》第6条的谈判内容(见专栏“应对相应调整的挑战”)，这些规则将影响公司使用碳信用。

根据宗旨要求，工作组将不在当前工作阶段讨论各部门脱碳战略中进行碳抵消的适当性和具体作用的问题。对于“难以减碳”行业的企业，技术限制了其在运营和供应链中脱碳的能力。通过碳抵消，这些企业可以实现更大的减排。有许多气候科学家和商业专家参与的其他倡议正致力于说明碳抵消在脱碳战略中的适当作用(参见“行动建议12”中关于呼吁统一有关内容表述和未来工作的讨论)。工作组尊重这些专家关于企业如何能最好地实现减排的建议。

工作组也了解到基于行业属性的市场发展(例如，EACs、RINs，以及绿氢、可持续航空燃料、绿色水泥等的潜在碳信用)。本报告未涵盖这方面的内容。但是，工作组认为，在本报告中提出的许多建议同样适用于类似的市场，且涉及的这些建议内容已被特别指明。同样地，工作组也没有就可能影响碳信用需求和供给的政策问题或强制碳市场(如碳排放交易计划)的有关问题提供建议。就目前的市场而言，工作组承认，从监管的角度来看，碳市场正处于一个过渡时期，特别是《巴黎协定》第6条有关建立国际碳市场的工作还正在谈判中。与自愿碳市场相关的法规和政策还涉及土地使用、产权法、区域碳定价或强制碳交易计划等。这些政策法规的变化都将影响自愿碳市场的规模。

例如，航空公司将开始实施国际航空业碳抵消和减少计划(CORSIA)的自愿试点阶段，这将增加对碳信用的需求。美国加利福尼亚州的排放交易计划将降低公司出于合规要求而购买的碳信用额度，2021—2030年，合规的碳信用额度最多为排放额度的4%—6%。工作组认为，在强制碳市场中允许使用经独立标准核查的碳信用，将促使增加对碳信用的需求。

在报告中，工作组指出，扩大自愿碳市场面临的挑战中，有赖以解决的政治问题及其相关性问题，需认识到这些问题并且要加以应对，但不对政治动向发表评论或寻求提供解决方案。特别是工作组了解自愿碳市场与《巴黎协定》第6条实施细则及有关管理碳市场的框架之间存在相互作用。明确相关监管事宜有助于扩大自愿碳市场规模。但是，全面分析这些问题已超出工作组的工作范围，工作组的重点是建设扩大市场所需的市场基础设施。

同时，工作组正在积极参与研究这些问题的平行倡议。例如，由热带研究中心和伦敦大学学院发起的联盟正在与工作组的一个子小组密切合作，分析自愿碳市场和《巴黎协定》间的相互作用。此项工作的相关分析可以支持工作组的工作。（有关该倡议的更多信息可在 globalcarbonoffsets.com 上找到。）

帮助扩大碳市场，落实工作组自愿碳市场蓝图中的建议，将有助于私营部门动员资本，为低碳转型提供资金。碳市场并不是实现这一目的的唯一途径：工作组成员所代表的许多机构、政府、国际组织和开发银行，正在利用各种其他工具，为低碳转型动员资金。这项更广泛的工作是国家和区域决策的核心组成部分，尽管 IIF 参与了其中一些工作，但对其他此类工具的研究超出了工作组的工作范围。

专栏

应对相应调整的挑战

相应调整（CA）是目前就《巴黎协定》第 6 条谈判中讨论的一种会计工具，以确保避免在国际上交易转移的温室气体减排量被纳入不同国家的国家自主贡献（NDC）范围进行双重计算。

尽管有关 CA 的具体规则尚未最终确定，对于这些调整是否以及如何适用于自愿碳市场仍有不同意见，但这代表了一个新的概念。工作组认为，有关《巴黎协定》第 6 条谈判的结果，特别是关于 CA 的规则，可能会影响自愿碳市场发展。至少在短期内，考虑到有许多国家可能不愿意或不能作出这种调整，要求所有自愿碳交易都进行相关调整可能存在可行性问题，而自愿融资可能对推动气候行动的实施至关重要。

一些碳信用买家向工作组表示，希望自愿碳市场活动可应用 CA，以免遭遇监管、声誉和其他风险。他们可能担心，如果东道国（即发生减排活动的国家）也提出将活动带来的减排量纳入该国碳减排核算范围，那么他们已注销的碳信用带来的核证减排量可能无效。之所以会有这种想法，是因为不管买方是否通过购买碳信用为此减排活动提供资金，东道国都已承诺提供相应资金，这将使购买此碳信用无法带来额外的碳减排。

此外，并非所有的买家都要求应用 CA：公司层面和国家层面的排放会计计量方法可同时分别存在。对于一家公司来说，只要它符合“行动建议 11”中使用碳抵消作为脱碳战略的一部分的标准，它就是对环境无害的。该公司在向减排活动提供资金的基础上，可称自身实现了碳中和，只要此类声明也明确这些减排活动成果会纳入东道国履行《巴黎协定》承诺的减排量盘点。此外，一些碳信用买方可能更愿意为东道国实现排放目标做出贡献。由于根据 CA 有关要求转移碳信用需在政府间层面报告，在碳信用的转移及其获得相关 CA 认证间可能有时间间隔。对于需经 CA 认证的碳信用，可能存在延长核查流程的风险。对此，可能有潜在解决方案，例如，从东道国获得意向书或承诺，同时采用标准制定者设定的额外缓冲办法。工作组无法就 CA 提供政策指导，这取决于正在进行的国际谈判。上述市场参与者的视角分析旨在帮助认识这些相互关系，并为更广泛的谈判提供信息。一旦相关规则经协商确定，自愿市场应遵守《巴黎协定》及其第 6 条规则。随着关于第 6 条的谈判结果更加明确，将需要开展进一步的工作，以确定如何继续推进自愿碳市场工作。如果未能明确说明和调整 CA 规则，可能对扩大自愿碳市场规模有碍，只有明确、可行和可信的解决方案才能为所有自愿碳信用买家提供保证。

与此同时，碳信用买家将需要保证他们的碳信用是独特的——“行动建议 1”中描述的核心碳原则在这方面对于确保完整性至关重要。工作组还希望通过定义碳信用额外属性的分类反映碳信用的独特性，以对想购买碳信用包括需经 CA 认证的碳信用的买家提供帮助。这些分类内容已在本报告“行动建议 1”中详细说明。

2.4 关键指导原则

碳市场可以提供一种促进减排的方法，通过发现推动变革的经济有效的方法，降低减排成本、增加减排雄心。碳市场的不同之处在于，它们为一些难以核查（减少的或避免的排放）和可能是非永久性的（增加碳汇）内容创造了财务价值。因此，规则对于维持碳市场的信用十分重要。非常关键的一点是，碳信用应在已发生的碳减排基础上带来额外的碳减排量或碳去除量。工作组根据以下四个关键原则制定了蓝图草案。

● 原则一，工作组将为私营部门机构提供可以继续推进的开放式解决方案。[①] 这些解决方案不是为了与其他倡议竞争，而是为了与它们形成合力，维护所有参与者的利益，以在全球范围内扩大自愿碳市场规模。

● 原则二，自愿碳市场必须具有很高的环境完整性标准，并将任何对环境产生负面影响的风险降至最低（如寻求不损害环境）。一些碳市场设计在某些情况下会允许产生碳信用的项目对当地社区和生态系统造成损害。但工作组认为，碳市场的设计应确保减排项目有利于当地社区，保护或加强生态系统，并不对其造成伤害。

● 原则三，扩大现有和正在进行的平行倡议的工作。工作组希望将全球各地自愿碳市场价值链上的参与者聚集在一起，并绘制了正在进行的倡议的概况图（见图 9）。[②] 这些正在进行的倡议都为制定扩大自愿碳市场的蓝图提供了借鉴，参与者许多是本工作组或咨询小组的成员，这些倡议的经验也被本报告吸收。展望未来，本报告所提出的路线图和相关努力将需要适当融入这些机构和项目的工作，以确保我们相互学习并支持彼此的努力。

● 原则四，也许也是最重要的原则，工作组的工作建立在自愿碳市场一定不能削弱减排积极性的预期基础上。为实现《巴黎协定》目标，

① 在相关方面，工作组认为，必须与现有标准制定机构（如 ISO）合作，以确保市场参与者继续按照国际标准运作。

② 详细信息见附录。

所有部门必须减少其绝对排放，且需要补偿全球历史排放。因此，碳市场在设计方式上不能减少企业开展自身减排活动的动力。碳市场还应该推动企业成为负碳排放的主体（例如，去除的温室气体排放量超过其自身排放量），实现比落实《巴黎协定》目标更雄心勃勃的目标。

根据工作组的研究，下一章阐述设计自愿碳市场的重要考虑因素。

专栏

碳市场项目的社会影响

在自愿碳市场中，一个重要但有时被忽视的方面是减缓气候变化项目的社会影响。从最低要求来看，每个项目都能避免、减少或去除大气中的温室气体。除了最低要求外，项目还可以产生一系列的协同效益，包括更广泛地改善社会或环境结果。这些协同效益通常是从联合国可持续发展目标（SDGs）的角度来评估的。在减缓气候变化项目设计中，项目本身就可产生一些协同效益。例如，一个清洁炉灶项目从本质上就可支持使用它的家庭成员更健康。还有一些项目有意设计增加协同效应，如一个可再生能源项目可能会寻求雇佣或尽可能雇佣女性雇员来提供增加收入的机会。这些都是每个项目可能产生积极社会影响的例子。

工作组还意识到，在制定和实施减缓气候变化项目的过程中，可能还会产生潜在的社会负面影响。在许多情况下，这些后果可能是意想不到的，在其他情况下，像其他项目和活动一样，可能是操作不当带来的社会负面影响。无论原因如何，工作组都坚持减缓项目不应造成伤害，并确保考虑到项目对社会和环境影响的各个方面。为此，需要就不造成伤害这一原则对项目进行严格的认证和核查，并开展持续的监管，确保当地相关方的参与。本报告在以下方面探讨了碳市场项目的社会影响。

● 在“行动建议 1　建立核心碳原则和额外属性分类法”中，核心碳原则的关键标准之一是不造成伤害。为此，需建立相关标准，并设定有力的流程来确保达到这一结果。相关预防措施应保持一致，以确保不损害人权，并将环境风险降至最低。

● 在“行动建议 1　建立核心碳原则和额外属性分类法”中，将协同效应作为项目额外属性的分类中的一类，以帮助确定那些有显著社会效益的项目。工作组希望通过这种机制，有效地将此类具有高社会影响力的项目产生的碳信用更多地与感兴趣的买家相匹配。项目对支持实现 SDGs 的影响应与其碳影响同时进行独立核查。

● 在“行动建议 10　促进结构化融资”中，工作组认识到有必要在过渡期帮助碳信用供给方获得融资，直到商业融资可完全支持项目实施。这对于市场中那些难以获得资金支持或小型的供给方来说尤为重要。同时，解决获取融资过程中的社会问题也很重要。

● 在“行动建议 13　建立高效、快速的核查方法”中，工作组认识到引入新技术可能会限制某些供给方或审计师。但是，这些新技术也可以帮助降低小型供给方的成本，并缩短项目开发者在碳信用被购买后获得回报的时间。在加快项目周期的设计时应考虑到所有这些社会因素。

最后，不造成伤害的原则适用于工作组推荐的20项建议行动。应始终评估气候变化减缓项目的社会影响和公平性影响。最终，自愿碳市场的总体影响是增加对气候变化减缓项目的融资，其中通常涉及从发达国家流向发展中国家的大量现金流。在此背景下，核心是在东道国实施的这些气候变化减缓项目可以在支持该国经济发展的同时促进减缓气候变化。

图9　正在进行中的碳市场倡议

3. 扩大自愿碳市场的要求

要了解扩大自愿碳市场需要什么，必须从近几十年的经验中吸取教训。在总结自愿碳市场现状和探讨未来发展的前提条件之前，本章简要回顾自愿碳市场的发展历程；之后，将讨论需求信号、供应保证以及充足的市场基础设施的需求。

3.1 自愿碳市场历史概况

自愿碳交易始于1989年，早于UNFCCC第一次缔约方大会（COP）。早期的交易主要与防止森林砍伐项目有关（见图10）。

在相关实践发展中，使用碳信用开始逐步接近主流实践。首先，1997年通过的《京都议定书》[①] 建立了碳市场基础设施的几个要素——特别是清洁发展机制（CDM）为碳抵消方法设定了标准，并为官方的统一碳信用登记奠定基础。

2003年，首个集中的总量控制与交易系统成立，即自愿但具有法律约束力的芝加哥气候交易所（CCX）。该系统允许申请应用有限比例的已核查碳信用，以达到减排时间表的要求。CCX是一个自我监管的交易所，由商品期货交易委员会进行监督，其成员减排基线（baseline）和减排的合规性每年由美国证券交易商协会（NASD）或美国金融业监管局（FINRA）进行审计。CCX对全球排放交易发挥了价格发现作用，并为其450名成员，包括大公司、大学、城市和州提供了一个通过标准化、具有法律约束力的合约承诺减少排放的平台。CCX上的交易工具是可互换的CCX碳金融工具（CFI），相当于1吨二氧化碳当量。[②]CCX的成员承诺按照规定的减排计划直接减少所有在北美运营产生的“范围1”的排放，并可申请使用有限的碳信用满足其合规要求。[③] 与经典的限额交易体系一样，成员的减排量如超过了合规要求，则剩余的CFI可出售或转存；减排量未达到合规要求的成员从有剩余的成员中购买额外的CFI。准成员仅包括与排放“范围2”相关的成员，并承诺通过从CCX成员中购买CFI来减少或抵消其全年在北美的排放。通过使成员在7年内实现7亿吨二氧化碳减排当量，CCX证明了一个交易所和交易平台可以提高碳市场的透明度和流动性，并融合使用碳信用。[④]CCX还曾参与中国区域性试点碳市场的建设工作，并在全球设立了分支机构，作为

① 《京都议定书》承诺按照各国议定目标限制和减少温室气体排放，使工业化国家和转型中的经济体有更加绿色的未来。

② CCX覆盖了所有6种温室气体，并率先制定了一些碳抵消协议。碳抵消项目只有经过核查系统如DNV的核查后，才可发放CFI碳信用。

③ CCX在2010年停止其第二阶段运营时，通过碳抵消满足合规要求的比例仅为10%。

④ Forest Trends（森林趋势组织）. 搭建桥梁：2010年自愿碳市场状况，forest-trends.org，2010-6-14。

全球碳市场的模板。[①]CCX于2010年停止运营，其中部分原因是未在监管层实现预期，包括建立美国全国性总量控制与交易系统的Waxman-Markey法案未获得通过，以及2009年哥本哈根谈判破裂，使全球碳市场发展起飞的希望破灭。

自强制碳市场和自愿碳市场创立以来，其发展历程就一直相互关联。人们可以观察到强制碳市场、核证减排量（CERs）以及自愿碳信用交易量间的关系（如CER和自愿碳信用交易量在2013年都大幅下降）。在强制碳市场的发展历程中，一个值得强调的关键是2005年将CDM与欧盟排放交易系统（EU ETS）相联系。这使公司可以使用CERs，即由CDM项目产生的碳信用，以遵守欧盟的排放法规。2008—2016年，EU ETS的减排量超过10亿吨二氧化碳当量。[②]CDM和EU ETS间的联系也引起了人们对自愿碳市场的新关注。鉴于大型工业公司必须为温室气体排放权买单，公关公司、咨询公司和律师事务所等服务提供商预计，他们最终可能会面临类似要求，并开始购买自愿碳信用。2012年后，CERs的交易量大幅下降，彼时，EU ETS覆盖的排放主体购买的大部分碳信用已涵盖其2012—2020年的排放量。CERs仍在交易中，但交易量水平较低。[③]我们注意到，如果强制碳市场（如EU ETS、美国加州总量控制与交易计划、中国碳市场）作出新规定，允许使用独立标准核证的碳信用，可能会显著影响经独立标准核证的碳信用的总体需求，并增加碳市场间的可替代性和流动性。强制碳市场和自愿碳市场在未来可以继续相互促进发展。

从自愿碳市场的历史来看，碳抵消需求、碳信用供给和市场基础设施对市场正常运作具有重要作用。

需求

需求信号对碳市场的成功至关重要。尽管企业的气候战略和目标可以激励企业购买碳信用，但紧缩的预算可能会限制他们在经济低迷时期的购买行为。在全球金融危机后，2008—2013年，自愿碳市场的交易量下降了一半。在有一定行业压力和清晰阐述市场合法性的情况下，碳信用需求就会上升。雄心勃勃、透明的企业减排目标对于发出长期需求信号、吸引碳信用卖家参与市场交易是非常重要的。今天，由于许多公司设定了2030—2050年的净零目标，我们有了更强劲的需求信号。未来的需求将会大幅增加。

① Paula DiPerna. 碳定价：综合芝加哥气候交易所的前景、实践和经验，Walker等，设计可持续金融体系，Palgrave，Macmillan，Cham.

② Patrick Bayerhe和Micheal Aklin（2020）.“欧盟排放交易体系的价格虽较低，但降低了二氧化碳排放”，《美国国家科学院学报》。

③ 主要来自一些国家的氢氟碳化物项目和大型水利项目。这两类项目都引起欧盟对项目额外性（包括其合格性）的顾虑，因此在项目获批前就购买了碳信用的排放主体，其所购碳信用无效。在EU ETS的下一（第四）执行阶段，不允许进行碳抵消。

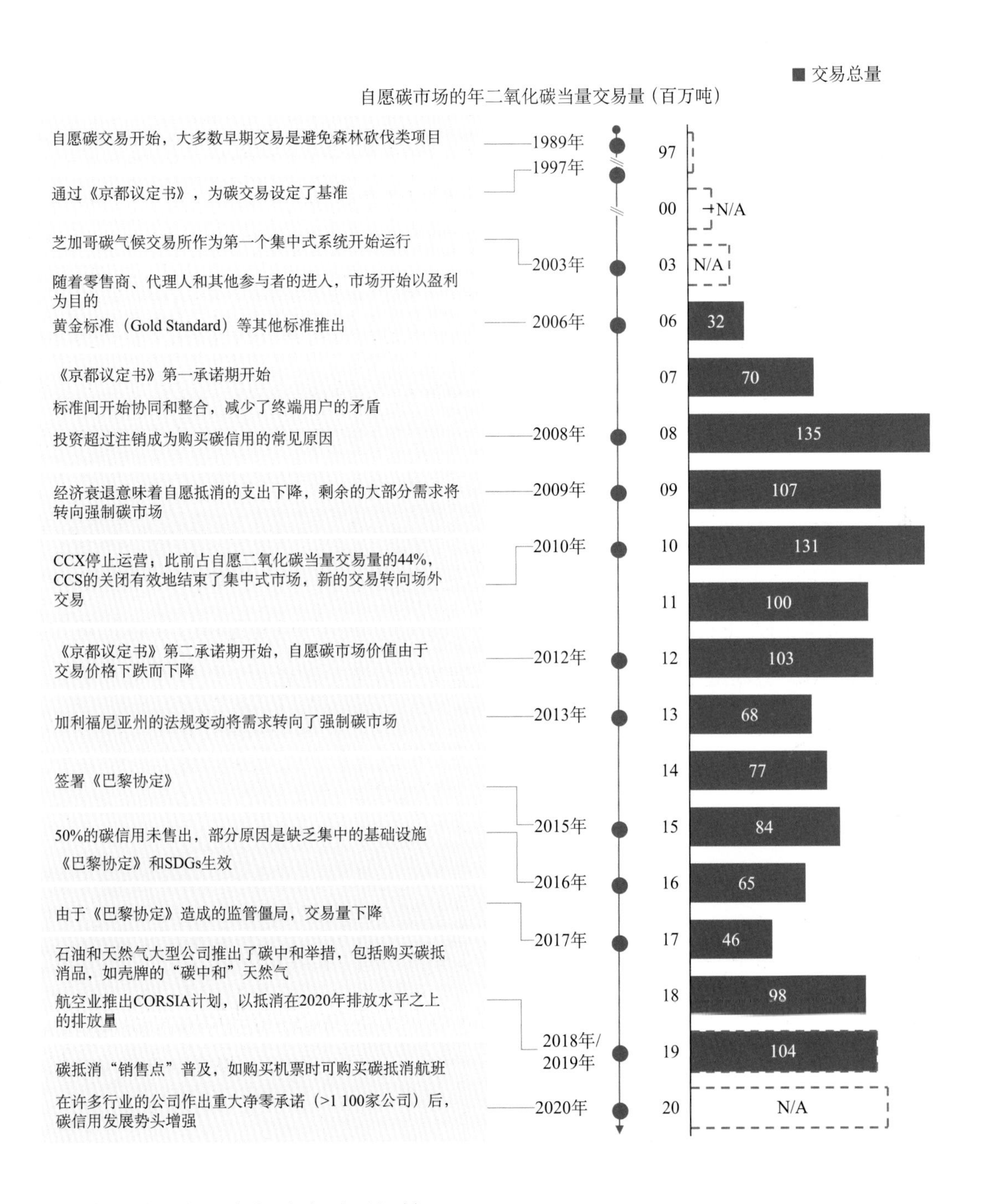

■ 交易总量
自愿碳市场的年二氧化碳当量交易量（百万吨）
自愿碳交易开始，大多数早期交易是避免森林砍伐类项目
通过《京都议定书》，为碳交易设定了基准
芝加哥碳气候交易所作为第一个集中式系统开始运行
随着零售商、代理人和其他参与者的进入，市场开始以盈利为目的
黄金标准（Gold Standard）等其他标准推出
《京都议定书》第一承诺期开始
标准间开始协同和整合，减少了终端用户的矛盾
投资超过注销成为购买碳信用的常见原因
经济衰退意味着自愿抵消的支出下降，剩余的大部分需求将转向强制碳市场
CCX停止运营：此前占自愿二氧化碳当量交易量的44%，CCS的关闭有效地结束了集中式市场，新的交易转向场外交易
《京都议定书》第二承诺期开始，自愿碳市场价值由于交易价格下跌而下降
加利福尼亚州的法规变动将需求转向了强制碳市场
签署《巴黎协定》
50%的碳信用未售出，部分原因是缺乏集中的基础设施
《巴黎协定》和SDGs生效
由于《巴黎协定》造成的监管僵局，交易量下降
石油和天然气大型公司推出了碳中和举措，包括购买碳抵消品，如壳牌的“碳中和”天然气
航空业推出CORSIA计划，以抵消在2020年排放水平之上的排放量
碳抵消“销售点”普及，如购买机票时可购买碳抵消航班
在许多行业的公司作出重大净零承诺（>1 100家公司）后，碳信用发展势头增强
1989年
1997年
2003年
2006年
2008年
2009年
2010年
2012年
2013年
2015年
2016年
2017年
2018年/2019年
2020年
97
00 N/A
03 N/A
06 32
07 70
08 135
09 107
10 131
11 100
12 103
13 68
14 77
15 84
16 65
17 46
18 98
19 104
20 N/A

图 10　自愿碳交易历史、市场演变及时间轴

资料来源：麦肯锡，生态系统市场，ICROA.

需求也可能受到监管的影响。2008 年，市场观察人士推测，合规市场的新法规将提升对碳信用的需求。但是，2009 年哥本哈根气候大会的失败使碳市场在短期内起飞的希望破灭，这意味着相关参与者失去了信心，价格和交易量也随之崩溃。同样，将 CDM 与 EU ETS 联系起来增加了碳抵消的需求，打破这一联系会导致需求骤降。

供给

从碳信用供给历史来看，碳信用的质量很关键。对此，已有两方面的讨论：一是根据独立标准衡量单个项目的质量，二是衡量碳抵消在推动脱碳进展方面的作用。核查碳信用需依据相关标准，以确保可核查的、高质量的碳信用供应充足。产生自愿碳信用的项目早期开发者使用他们自己的标准衡量一个项目可抵消的碳排放量。在一些情况下，这些标准被证明是不可靠的。当这些情况被曝光时，该行业会失去其可信度。毫无疑问，项目开发者必须证明，项目和相关的碳信用补偿了该项目应补偿的排放量。但是，核查价格可能较高，特别是对于小型项目开发商而言。

除核查碳信用外，碳信用质量还涉及更广泛的有关碳抵消合法性的问题。有关碳抵消在企业履行其减排目标和对实现全球净零目标的贡献的争论仍在继续。有效的碳抵消治理在自愿碳信用成功推动脱碳进展方面至关重要。

市场基础设施

中介机构和市场基础设施对于促进市场的运作起到至关重要的作用。自 2006 年到 2008 年，自愿碳市场的碳信用交易数量增加了两倍多。但是，2007—2008 年的金融危机和 2009 年哥本哈根气候变化大会的不利因素导致这一阶段的增长突然停滞。涵盖了全球近一半自愿排放信用的 CCX，于2010年停止运营①，各公司开始寻求在场外市场交易碳信用。碳信用场外交易市场一直延续到今天，缺乏流动性和透明度。

3.2 自愿碳市场现状

3.2.1 对自愿碳抵消的需求不断增加

在过去两年中，交易碳信用的自愿碳市场大幅增长。2017 年，约 4 400 万吨二氧化碳当量的碳信用被注销，这使得这些碳信用的购买者可以声称其通过给其他减排活动提供资金补偿了其排放量。2020 年，9 500 万吨二氧化碳当量被注销，相当于 2017 年被注销量的 2 倍多（见图 11）。

投资者压力应是推动需求增加的一个有力因素。许多大型资产所有者呼吁各公司致力于实现净零排放。例如，贝莱德首席执行官拉里・芬克（Larry Fink）②在他写给首席执行官们的信中说，他的公司现在将避免投资那些“与可持续性相关的高风险”公司。2020 年 9 月，涵盖全球 500 多位资产超过 47 万亿美元投资者的气候行动指导委员会致信全球 161 家公司的首席执行官和董事会主席，呼吁企业承诺采取净零业务战略。类似这样的信号促使企业专注于解决其温室气体足迹问题——这一转变在多个领域可见。

① 下降的部分原因是未在监管层实现预期，包括建立美国全国性总量控制与交易系统的 Waxman-Markey 法案未获得通过，以及 2009 年哥本哈根谈判破裂，使全球碳市场发展起飞的希望破灭。

② Larry Fink（2020-1）. 金融的根本性变革 . 贝莱德集团，blackrock.com.

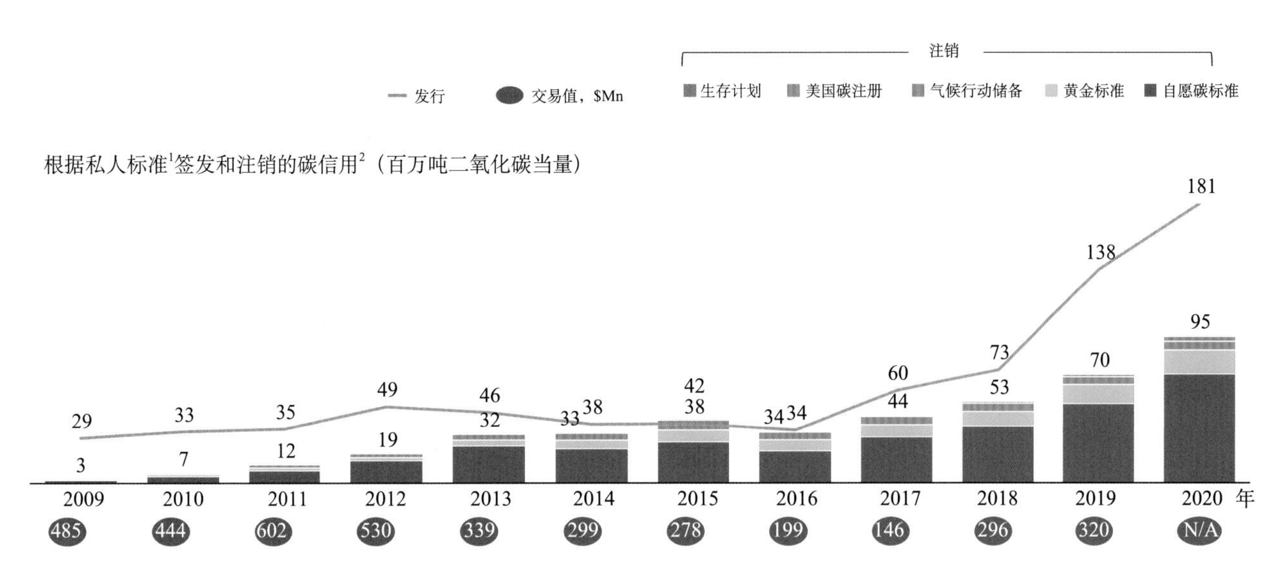

图 11　自愿碳市场近期增长情况

资料来源：生态系统市场；按搜索；来自 VCS、GS、CAR、ACR 和计划体内市场注册中心的数据；麦肯锡分析。

3.2.2　走向成熟之路的障碍

尽管自愿碳市场发展颇具希望，但现在认为自愿碳市场正处于安全的增长轨道还为时过早。在自愿碳市场能够达到与玉米、金属和电力等其他先进市场类似的成熟度之前，还有一些重大障碍需要跨越（见图 12）。

需要解决的关键成熟度要素包括：

● 供给量：根据记录，几乎每年都存在碳信用签发量和注销量不匹配的问题，导致碳信用供给大于需求。截至 2020 年 12 月，在库碳信用量为 3.21 亿吨二氧化碳当量。① 因此，即便与需求相关的减排承诺增加，短期内（未来 3—5 年内）也不太可能出现供应短缺的问题。② 但是，预计碳信用需求将逐步增加，到 2030 年最高达 15 亿—20 亿吨二氧化碳当量，这将使供给难以满足需求。随着需求继续增长，2050 年及以后高质量碳信用的供给挑战只会继续增加。

● 供给质量保证：碳信用的质量仍然是一个值得关注的问题。2019　2020 年，碳信用供给从 1.38 亿吨二氧化碳当量增加到 1.81 亿吨二氧化碳当量，增长了三分之一。大多数自愿碳信用是由信誉良好的参与者发行的，并且超过 90% 的碳信用遵循最常见的核查标准，如自愿碳标准（VCS）、黄金标准（Golden Standard）、美国碳注册（American Carbon Registry）机构标准以及气候行动储备（Climate Action Reserve）方案标

① 麦肯锡对 ACR、CAR、GS、Plan Vivo、Verra 的分析；大约三分之二的在库碳信用由可再生能源和“REDD+”项目组成。详见附录中的明细情况。

② 虽然短期内不太可能出现碳信用总体供应短缺，但在特定领域可能存在短缺，如森林砍伐。

成熟度高　成熟度低

	要求	自愿碳市场成熟度评估
核心要求	1.大量需求和供给	自2019年起，需求以每年35%的速度增长，到2020年达到9 500万吨二氧化碳当量，但仍然明显低于支持净零所需的水平(到2030年达到20亿吨二氧化碳当量)
		供给一直高于需求，自2019年以每年31%的速度增长，到2020年签发量达1.81亿吨二氧化碳当量，但质量问题仍然存在
	2.交易双方间的风险承担者	场外市场交易：由零售商和批发商组成高度分散的格局；大规模做市商的参与有限。自CCX停止运营，场内市场不存在
	3.确保碳信用质量的标准	全球公认标准兴起，通过遵循一套高水平的核心原则，确保碳信用的质量。由公认的温室气体项目签发碳信用，差异化将基于项目类型和额外特征，如对可持续发展目标的贡献
	4.可获取的市场和参考数据	温室气体项目注册机构在设计上不跟踪价格；存在已建立的注册机构(如黄金标准、Verra)，但可获得的市场参与者的交易价格、交易量等交易数据非常有限；生态系统市场是关键资源，但“仅”基于调查
	5.参考合约	有一些可用的参考合约(例如，CBL市场和空气碳交易所都根据CORSIA定义的参数推出了可交易的合约)，但由于还不具备流动性，无法如Brent或WTI作为参考基准合约
重要要求	6.有韧性、安全、可扩大规模的交易和交易后基础设施	登记所、零售商、批发商等存在于场外交易市场，但非常分散；CCX关闭后场内交易市场缺乏基础设施
	7.风险管理工具	现存在保险产品（如针对火灾的保险）和碳缓冲器（carbon buffer），但缺乏价格风险管理工具（如衍生品），以及对交易对手方的违约保护有限
	8.监管行动和清晰度	各种监管问题缺乏明确性(例如，能否使用自愿碳抵消落实国家自主贡献目标)
	9.证券化	尽管针对CDM有此方面讨论，但自愿碳市场中没有证券化。设想是能够将数千个微型项目打包，创建大规模的可投资合同或基金，并可根据买家的需要将其分层
	10.供应链融资/结构性融资	存在一些融资安排，但主要是个人供应商和买家或慈善资本间的合作[1]。在成熟的大宗商品市场的供应链金融中，银行和批发交易商可提供融资[2]
	11.利益相关者生态系统的成熟度	许多倡议正在进行中（如法律、会计领域的），但到目前为止，相似服务的生态系统成熟度相对有限

1.例如，民生基金。

2.资本支出、营运资本和期限。

图 12　自愿碳市场当前成熟度评估

资料来源：工作组，麦肯锡分析。

准，[①]但买方仍然对碳信用质量没有把握。许多项目特别关注持久性问题，即项目是否能保持永久减少或去除温室气体。在这种情况下，这些项目必须有针对几十年时间范围内的具体要求，并具有全面的风险减缓和补偿机制，以替代不再具有减排等作用的碳信用单位。其他值得关注的问题包括碳泄漏（一个项目导致项目边界以外的排放增加），以及额外性（项目是否真的不在自愿碳市场交易就不会产生减排）。这些关切特别适用于两大类项目：大规模可再生能源，以及林业和土地利用类项目。将碳封存在（农业）土壤中的项目是一个新兴项目类别，衡量其可测量性、持久性和额外性等类似碳信用项目质量的方法仍在发展中。

- 开展交易和为交易融资的集中市场基础设施：自愿碳信用市场主要是场外市场，零售商和批发商的格局高度分散。没有任何参与者能充当做市商。有韧性、安全和可扩大规模的交易和交易后基础设施尚不存在。目前有一些风险管理工具，如保险产品和碳缓冲器（carbon buffer），但价格风险管理或交易对手方违约保护有限。供应链融资或结构性融资只存在于个别供应商和某些大型买家之间的合作伙伴关系中，在成熟的大宗商品市场中，则由银行和批发交易商提供供应链融资。虽然有许多已建立的注册中心，但价格、数量和交易数据有限，公开可获取的数据也有限。

3.3 自愿碳市场的未来

扩大市场规模面临的挑战

尽管2021年对自愿碳信用的需求超过9 000万吨二氧化碳当量，但仍明显低于支持净零所需的需求量，即到2030年预计每年应至少达到20亿吨二氧化碳当量。工作组成员明确了在自愿碳市场价值链中阻碍市场发展的关键“痛点”（见图13）。这些“痛点”较目前市场成熟度的评估更进一步，整合了价值链上的关键挑战，并为我们采取行动的重点主题指明方向，将在下一章中讨论。

① 这4个标准得到了国际碳减排和碳抵消联盟（ICROA）的批准，且国际民航组织（ICAO）已批准其适用CORSIA计划，这些标准也适用于一些强制碳市场。

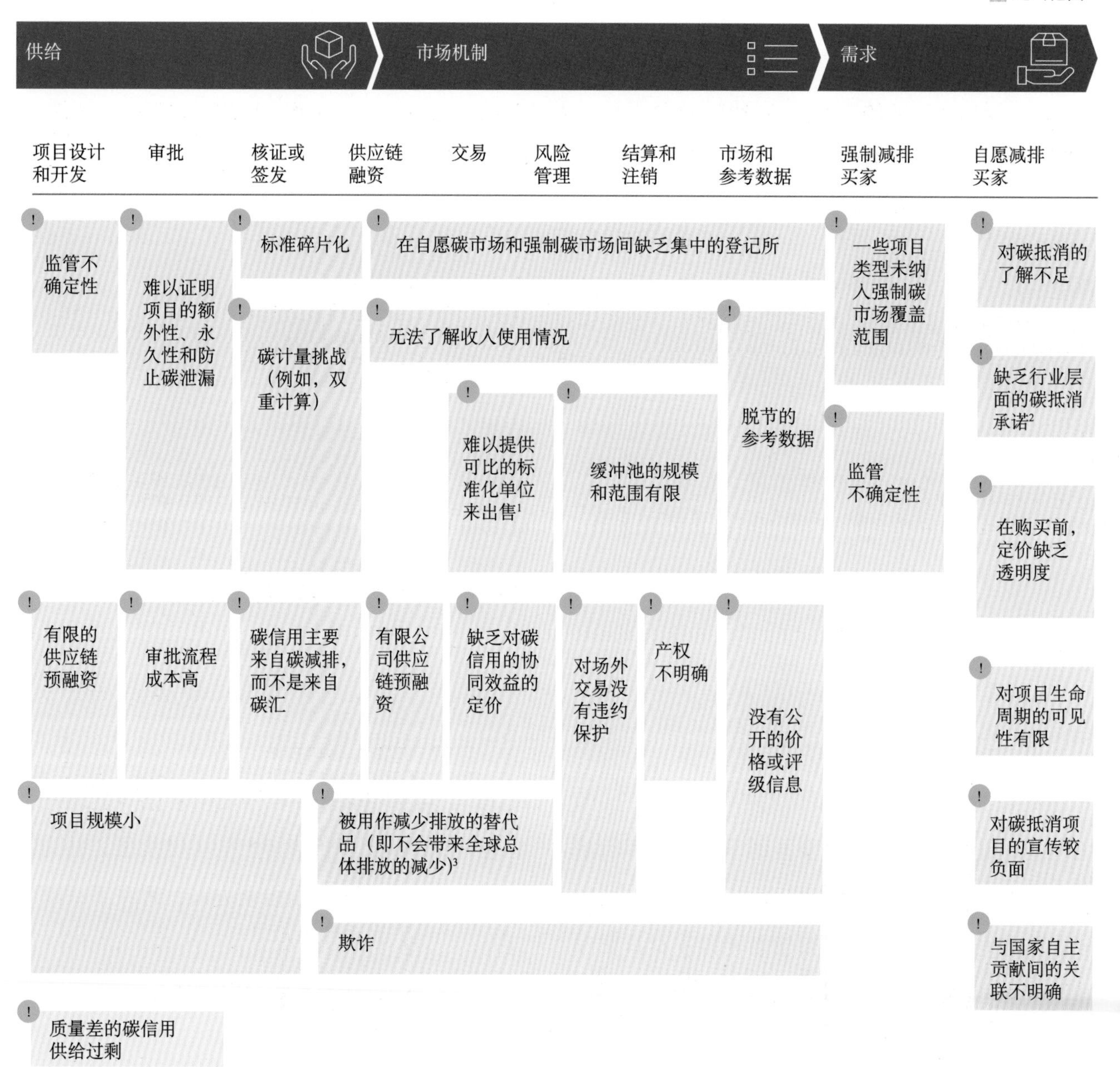

1.取决于额外性或保护级别。
2.可能使那些进行了碳抵消的公司在竞争上处于劣势。
3.碳抵消为与其排放量相当的减排活动提供资金，因此不会导致全球总体减排量下降，见《巴黎协定》第6.4条有关全球总体减排量的内容（Overall Mitigation in Global Emissions，OMGE)。
4.虽然解决《京都议定书》下CDM碳信用的供给过剩对于完成《巴黎协定》第6条谈判至关重要，但不能通过基于市场的方案来解决。

图 13　自愿碳市场的主要“痛点”

资料来源：工作组、麦肯锡分析、专家访谈、新闻报道、碳市场观察：碳市场 1012019，世界银行：2019 年碳定价现状和趋势，生态系统市场（EM）；现有碳定价机制的概述和比较。

专栏　买方和供给方的视角

破碎和复杂的市场意味着典型的买家在购买碳信用的历程中将遇到许多难题：对碳抵消的理解不足，受相关项目的负面宣传影响，难以找到足够大规模的项目，缺乏普遍认可的原则来衡量碳信用质量、监管的不确定性，缺乏定价透明度，对项目生命周期的可见性有限（见图 14 和图 15）。

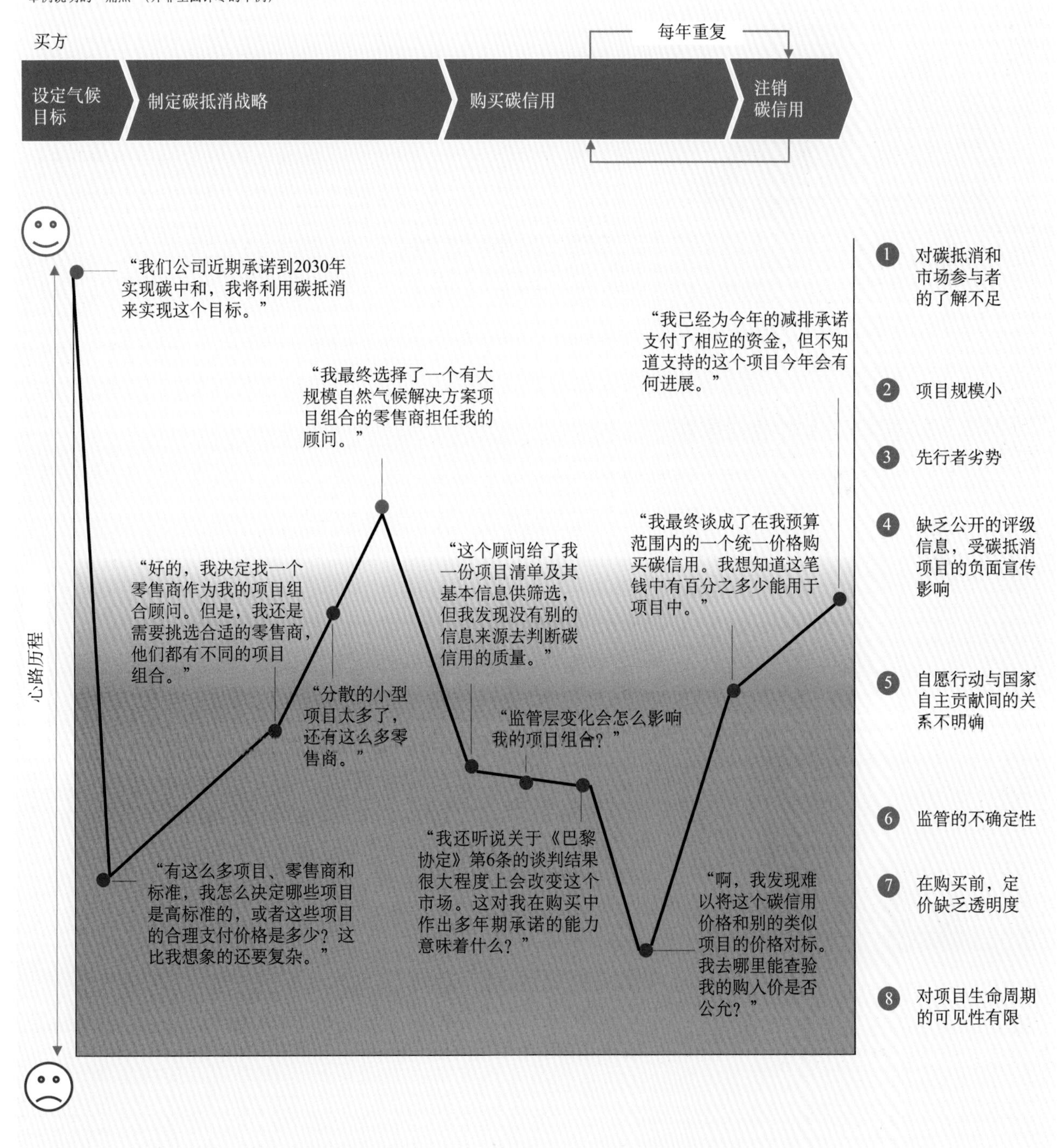

图 14　一则碳信用买家的心路历程说明

买方观点

西门子公司：沃克·海塞尔（Volker Hessel）

可持续事务经理

作为买家，我们主要关注三个领域：迄今为止，最重要的是信誉，其次是碳抵消项目与我们核心业务的联系，最后是价格透明度。信誉起到至关重要的作用，也是我们作为企业买家最关心的问题。我们不太担心价格或达成价格最低的交易，因为我们的声誉与我们购买的碳信用的质量有关。

作为一家技术驱动的公司，我们专注于碳抵消与我们业务的联系。能够筛选我们想购买的碳信用项目类型可以让我们的购买行为对于员工和重要的利益相关方更有说服力。对此，可以有多种理解。可以补偿我们办公室土地使用的碳抵消可能与我们核心业务密切相关的技术类碳抵消同样重要。我们欢迎对自愿碳信用的类型和协同效益进行分类，以迎合买方的个性化需求。

当前市场定价缺乏透明度。很难理解是什么导致不同碳抵消项目间的价格差异，也不清楚我们支付的购买价到底用在何处。考虑到我们在市场上观察到的价格间的巨大差异，厘清这一点尤其重要。增强市场透明度将帮助我们在碳抵消方面做出最好的决定。

波音公司：艾米·班恩（Amy Bann）

环境和材料战略总监

航空部门十多年前制定了脱碳目标，以促进我们在技术创新、运营效率和可持续燃料等长期减排战略方面的发展。

当我们衡量如何将碳抵消作为我们在落实战略中“填补缺口”的一部分，解决行业不能直接减少的排放时，我们认为有必要制定全球标准，以大规模购买碳信用并确保其质量。同世界各国政府和环境领域的非政府组织一道，我们提出了由联合国国际民航组织负责的 CORSIA 计划。该计划将碳信用项目的核查和选择标准的有关流程从买家个人转变为集中式管理和批准。我们以现有的最佳实践为基准，并经过多年针对复杂问题的讨论，最终在《巴黎协定》达成前宣布开展 CORSIA 这一计划。

我们很高兴 CORSIA 在学习经验教训、更新有关发展条件要素的基础上，可对扩大自愿碳市场起到激励作用。随着脱碳时间表进度加快，对碳抵消的需求会增加，对于强制碳市场和自愿碳市场而言，关键是要协同建立被广泛接受的、严格的标准。随着我们在推进碳市场发展的重要时期将联合国机制与私营部门市场连接起来，这个工作组将在规划未来发展道路方面发挥关键作用。

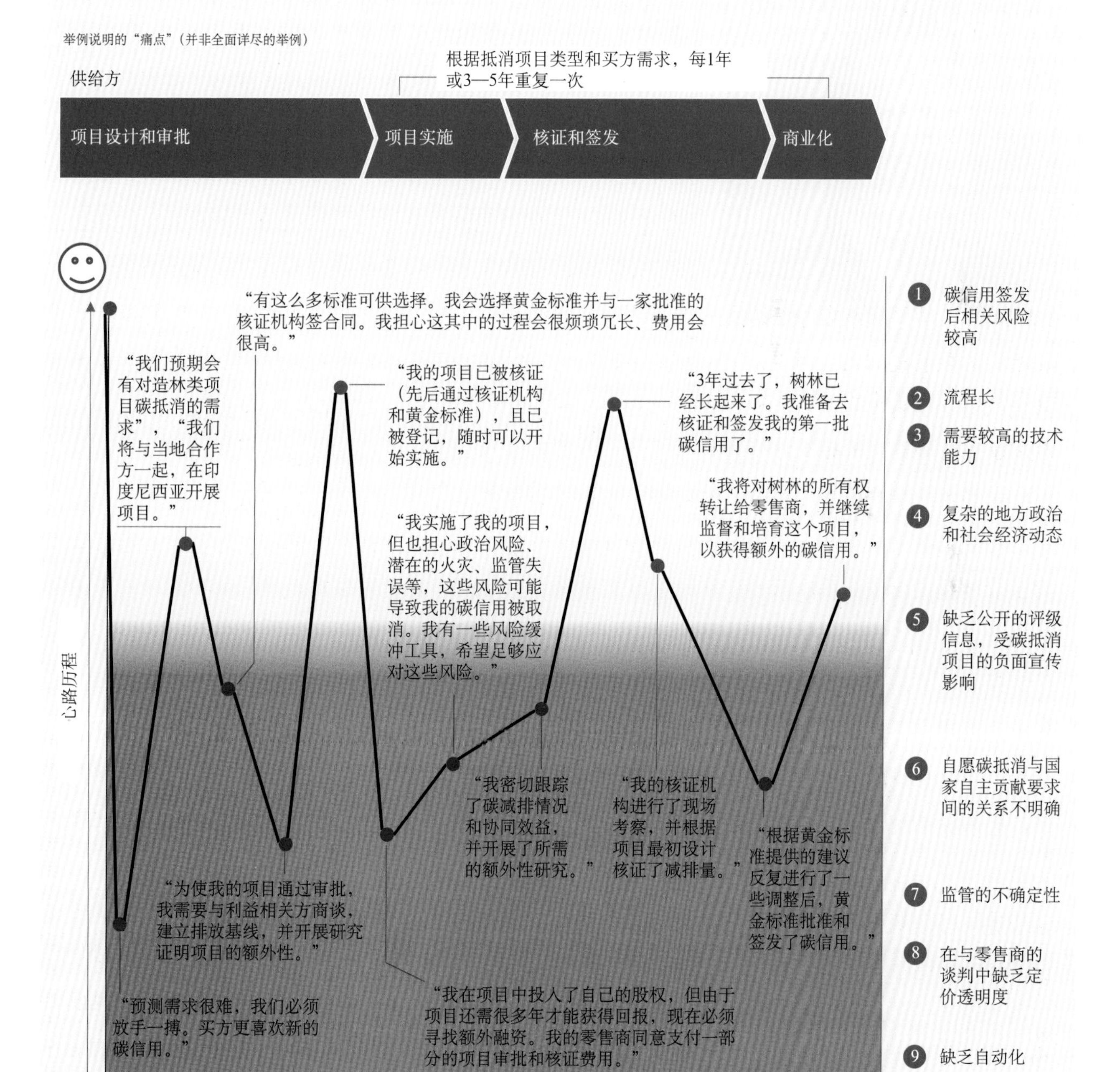

图 15　一则碳信用供给方的心路历程说明

供给方的观点

第一气候公司：首席执行官约翰·加斯纳（Jochen Gassner）

来自供给方的一些重要观察结果包括：第一，市场的快速转型；第二，匹配供给与买方需求的能力；第三，融资。

市场正处于过渡时期。首先，从《京都议定书》到《巴黎协定》的转变，产生了如何在企业层面和东道国层面计量自愿碳抵消的问题。根据《巴黎协定》及其在各国政策中的执行情况，自愿碳市场将在供给和使用减排量方面与各国和国际强制碳市场形成竞争关系。这可能会导致自愿碳市场的碳信用供给不足。

其次，企业正在从每年购买碳信用转变为使用自愿碳抵消作为其落实长期气候或净零策略的工具，这意味着购买碳抵消的行为与长期减排轨迹有关。购买和提供碳信用的相关计划需要考虑5—10年的需求情况。当前，自愿碳市场基本上是现货市场，未来，一些购买行为将根据长期的远期合约开展。

许多买家是出于碳抵消项目的自身特点而签订合约的。买方的不同需求（如对项目地点和类型）以及项目供给的有限性使有时在现货市场中匹配供给和需求非常困难，更不用说匹配未来的需求。

最后，买家或中介机构提供前期融资的意愿有限。但是，融资是至关重要的，尤其是项目开发、碳信用签发和注销的间隔时间较长。尽管远期合约可以称为一种解决方案，但由于缺乏价格参考，买家无法就项目数年后的价格达成一致。此外，还有政策风险，如在项目生命周期内，相关标准更改了其具体规则和要求。

在本章我们探讨了预期的供需前景。在第4章，我们将就如何解决当前确定的扩大自愿碳市场中的痛点和障碍提出建议。

4. 展望：自愿碳市场需求、供给和价格设想

在分析扩大自愿碳市场规模的要求后，下一步是了解未来潜在的碳抵消需求、供给和价格，完善蓝图建议。本章将依次分析未来碳抵消需求、供给和价格情景。

重要观点

1. 至2030年，自愿碳市场规模最多可增长约15倍，达到每年15亿—20亿吨CO_2的碳信用；至2050年最多可增长100倍，达到70亿—130亿吨CO_2的碳信用。这两个数值是碳信用量的最大值，直接对应气候模型中实现1.5℃和2℃温升目标的去除或封存的总需求（不含合规市场或赠款等替代融资机制产生的抵消份额）。

2. 到2030年，碳信用总需求的“实际”潜力①为每年80亿—120亿吨CO_2，包括：避免的自然损失（38亿吨CO_2）、自然封存（29亿吨CO_2）、碳排放避免或减少（>2亿吨CO_2）、技术去除（10亿—35亿吨CO_2），如BECCS和DACCS。

3. 尽管面临动员挑战，碳信用“实际”供给有希望完全满足2030年的需求。2030年的碳信用市场供给量范围估计在10亿—50亿吨之间，最低每年10亿吨，主要挑战如下：

A. 扩大项目规模的速度和复杂性：要达到每年80亿—120亿吨CO_2的碳信用供给量，需要以前所未有的速度扩大碳抵消项目规模。若未来10年供给量仍按过去10年的相同速度增长，到2030年仅可实现每年约10亿吨CO_2的碳信用供给。

B. 地域集中：90%的“实际”NCS潜力集中在南半球，但目前90%的碳抵消承诺由北半球作出。这意味着要实现碳信用供给量目标，需要一个综合性的国际采购协议，能否达成取决于一些难以实施NCS国家的意愿。如果买家仅选择从各自所在的北半球或南半球购买碳信用，2030年碳信用供给量将会达到每年20亿—40亿吨CO_2。

C. 风险：所有项目类型都面临不同种类和程度的风险。例如，由于火灾或森林砍伐等行为导致无法永久维持可避免的自然损失风险。对于技术去除，过度依赖BECCS意味着要与粮食生产争夺土地，若以不可持续的方式管理，将推高粮食价格。这些风险会阻碍碳抵消项目发展，从而减少碳信用市场供给量。

D. 缺乏财务吸引力：碳抵消项目一般是有利可图的，但也有部分利润较低，主要是项目投资和回报的滞后时间长（再造林和禁采期的时间分别需要7年和5年）以及面临长期需求变化风险。如果不考虑首次禁采期为5年或更长的NCS项目，到2030年碳信用供给量将达到每年10亿—30亿吨CO_2。

4. 到2050年，碳去除项目将成为主流，包括高度永久性存储技术去除项目和大量避免自然损失的项目。

5. 2030年碳信用的价格将主要取决于已动员的供给项目组合，部分受到买方偏好影响。立足目前自愿碳市场的驱动因素，工作组测验了5

① “实际”潜力将经济可行性过滤器应用于总潜力，反映某些地区问题的复杂性。

种不同价格场景。根据不同的价格场景及潜在驱动因素，2030年市场规模最低可能在50亿—300亿美元，最高可能超过500亿美元（均假设需求为10亿—20亿吨 CO_2）。[①]

6. 综上所述，扩大自愿碳市场规模有4个关键因素：

E. 在需求方面，碳去除或封存项目不能代替碳排放避免或减少项目，即使在最雄心勃勃的脱碳设想中，这也是必须的。

F. 需要一个涵盖避免或减少、去除或封存的多元化碳抵消项目类型组合。

G. 买方和卖方可在全球范围开展交易，保证供给充足，让各方都受益。

H. 迅速扩大全部碳抵消项目的碳信用供给规模。

由于碳排放足迹、监管以及企业承诺转化为自愿抵消需求存在不确定性，自愿碳抵消需求的公开信息很少。[②] 然而，随着越来越多的组织支持应对气候变化，气候行动的势头正在增强。目前，“全球财富500强”公司中有30%已做出2030年气候承诺，相较2016年的数量增加了5倍。[③]

为确定未来的碳抵消需求，本报告作出3个不同场景假设：

（1）当前承诺：碳抵消需求由世界上最大的700多家公司的气候承诺确定，若只统计“范围1”和“范围2”的排放量，且不考虑气候承诺未来可能的增长，这些公司的承诺占到全球碳排放量的20%左右。[④] 这是碳抵消需求的下限。

（2）工作组调查：工作组专家设想的碳抵消需求预测。

（3）脱碳情况：假设所有碳去除或封存都通过自愿碳抵消市场解决，那么未来碳抵消需求就是实现2050年1.5℃和2℃温升目标所需去除或封存的二氧化碳量。这是2050年碳信用市场潜在规模的上限。

4.1 需求情景

4.1.1 当前承诺

用全球700多家大公司的承诺信息分析未来碳抵消需求。首先，确定公开发声承诺净零目标的公司。其次，计算每家公司的碳抵消需求，在净零排放目标日期之前估算其剩余碳排放

① 麦肯锡分析：基于场景而不是预测，50亿—300亿美元代表先使用所有历史过剩供给，然后优先考虑低成本供给；超过500亿美元代表了买家偏爱本地供应的情况。

② 关于未来碳信用需求的文献通常侧重于合规市场和《巴黎协定》第6条的影响。例如，IETA发现，在第6条的便利下，每年大约有50亿吨 CO_2e 的抵消潜力。Trove Research论文对2020年进行了自上而下估计发现，抵消潜力2030年为11亿吨，2050年为10亿—30亿吨。

③ “气候承诺”包括RE100、SBTi、碳中和；自然资本合作伙伴（2020-10）. 需要做出回应：“全球财富500强”公司如何采取气候行动以及采取更多行动的迫切需要。

④ 以收入衡量；数据集的平均收入为550亿美元。

量[①]（“范围1”和“范围2”）。剩余碳排放量是在碳排放避免或减排后仍然存在的碳排放。然后，假设所有剩余碳排放都将在自愿碳市场中抵消。700多家公司中，金融和科技公司占绝大部分（约60%），但航空及石油和天然气公司在承诺抵消的碳排放量方面居首位，占总量的80%。[②]

稳妥起见，这一估计未考虑抵消“范围3”的碳排放[③]、新企业气候承诺和已承诺的企业增加承诺的增加等情形，因此该方法测算的是自愿碳抵消需求下限——绝对最小值。

4.1.2 工作组调查

通过工作组中65名专家的调查研究结果反映专家对2030年和2050年自愿碳抵消需求的预测。这些专家在该领域拥有深厚的专业储备，包括公司代表、抵消发起者、标准制定者、民间社会组织、非政府组织、金融机构和交易所。

4.1.3 脱碳情况

在脱碳情景中，我们设想通过跨部门避免或减少温室气体排放、从大气中去除或封存二氧化碳实现1.5℃或2℃温升控制目标。短期重点是避免或减少温室气体排放，但随着时间推移，碳去除或封存的需求会逐步增加。大多数符合《巴黎协定》约定的情景假设，都预测到2030年排放量至少减少一半，到2050年达到净零排放，碳去除或封存在这过程中发挥重要作用。[④]碳去除或封存有两个目的：一是抵消年度碳排放量，以实现净零（即通过去除等量的二氧化碳来补偿剩余碳排放量）排放，二是纠正历史排放量（即达到净负碳排放量，每年二氧化碳清除量超过排放量）。这可以解释很多气候模型出现负排放“超调”的情况，这些气候模型假设碳预算在21世纪中叶之前被破坏，并且2050年后的负排放将用于减少大气二氧化碳。为说明这些情景中碳减少或去除的程度，图16显示了绿色金融系统网络（NGFS）发布的三种气候情景（更多信息详见边栏“关于NGFS气候情景”）。这三种情景包括1.5℃和2℃情景，并尽可能反映NGFS确定的“标志”情景。[⑤]

① 在可能的情况下使用承诺信息计算残留排放（例如，假设公司一定会实现承诺到2030年的减排目标），在无法获得信息的情况下，对相关公司的减排路径进行了行业特定假设。

② 资料来源：麦肯锡对全球700多家大型公司的上市公司数据进行分析；36家公司宣布的2030年净零承诺。

③ 尽管按照一些标准的规定，将净零承诺的三个排放范围都包括在内是最佳实践。

④ Henderson、Pinner和Rogers.“气候数学：1.5度的路径会怎样”，2020年4月，Mckinsey.com.

⑤ 我们将2℃目标延迟行动情景设定为“实际”的NGFS情景（使用REMIND-MAgPIE 1.7-3.0模型限制CDR情景）。当使用GCAM5.2模型时，带有CDR的2℃情景为第二情景。为了保持一致性，我们使用与CDR相同的立即行动2℃情景，但仍使用了REMIND-MAgPIE模型。（REMIND-MAgPIE代表区域投资模型和农业生产发展及其影响模型。）

专栏

关于 NGFS 的气候情景

绿色金融系统网络（NGFS）由 66 家“中央银行和监管机构”组成，致力于分享最佳实践，促进金融部门气候和环境相关风险管理的发展，并动员主流资本支持可持续经济转型。NGFS 选择了 8 种气候情景探索气候变化和气候政策的影响，旨在提供一个共同的参考框架。这些气候情景由完善的综合评估模型（IAM）生成：GGCAM、MESSAGEix-GLOBIOM 和 REMIND-MAgPIE。因为 IAM 提供了跨经济、能源、土地利用和气候系统指标的内部一致估计，所以其对情景分析十分有效。但 IAM 也受到一些限制和简化，例如，它们能够捕捉突然的政策转变可能引起的重大变化。

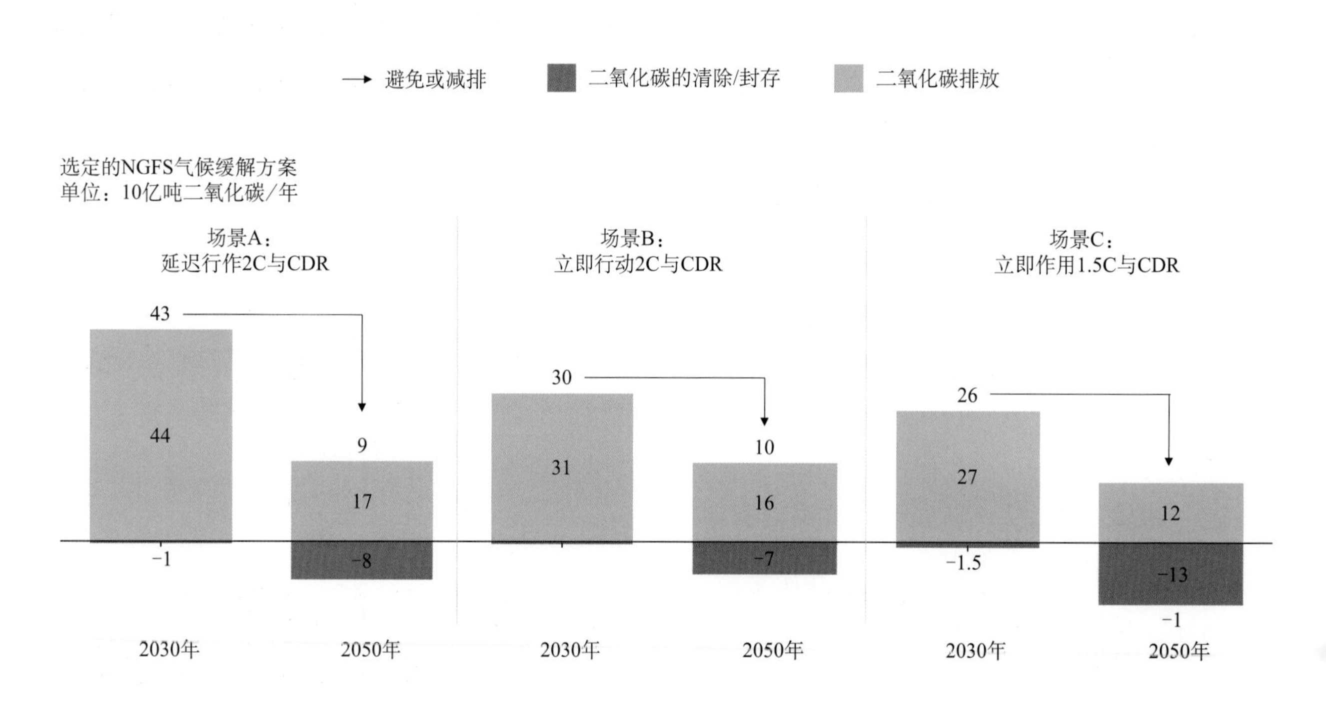

图 16　3 种选定的 NGFS 气候情景

若要将上述气候情景转化为碳抵消需求，需要调用两个重要的动态因素。第一，自愿碳抵消市场是碳去除或封存需求的主要驱动力，但并不唯一，合规市场和其他碳抵消融资机制（不含赠款）也是重要因素。换言之，自愿碳抵消市场不足以确定跨气候情景的碳去除或封存总量。第二，到 2050 年，自愿碳抵消市场应转向主要依赖碳去除或封存，逐步退出目前常见的碳排放避免或减排方式。

据 NGFS 情景预测，要实现 2030 年 1.5 ℃温升控制目标，每年可能需要去除或封存大约 15 亿吨 CO_2（如图 17 所示）。由于自愿市场碳信用需求变化只是碳去除或封存项目的驱动因素之一，碳抵消需求可能低于 15 亿吨 CO_2。然而，这种动态可能会被抵消，因为碳排放避免或减少将在 2030 年继续发挥重要作用。

据 NGFS 情景预测显示，要实现 2050 年净零排放目标，每年需要去除或封存如图 17 所示的 70 亿—130 亿吨 CO_2。在不考虑合规市场和其他抵消机制需求，且抵消需求主要依赖于碳去除或封存的前提下，70 亿—130 亿吨 CO_2 是碳信用需求的极值。理想情况下，碳排放避免或减少的发展速度比 NGFS 假设情境要快，因此 2050 年可能需要相对更少的碳去除或封存即可，而且即使碳信用需求达到上限，也会面临前所未有的挑战。

总体而言，在符合实现 1.5℃温控目标路径的碳排放情景中，2030 年碳抵消市场每年的碳信用规模可能会增长 15 倍左右，从 0.1，到 15 亿—20 亿吨 CO_2；在供给不受限的前提下，到 2050 年，每年的碳信用规模最高可比现在高 100 倍，达到 70 亿—130 亿吨 CO_2。相比之下，工作组经研究预计到 2030 年的碳信用需求为 10 亿吨 CO_2，到 2050 年为 30 亿—40 亿吨 CO_2，而当前承诺的下限为 2030 年 2 亿吨 CO_2 和 2050 年 20 亿吨 CO_2。

在 2050 年实现如此大规模的碳去除或封存将面临重大挑战。供给限制和动员挑战可能会导致无法满足碳信用需求。也就是说，需要尽快实施减排行动，并且要以比 NGFS 情景假设更快的速度实施。①

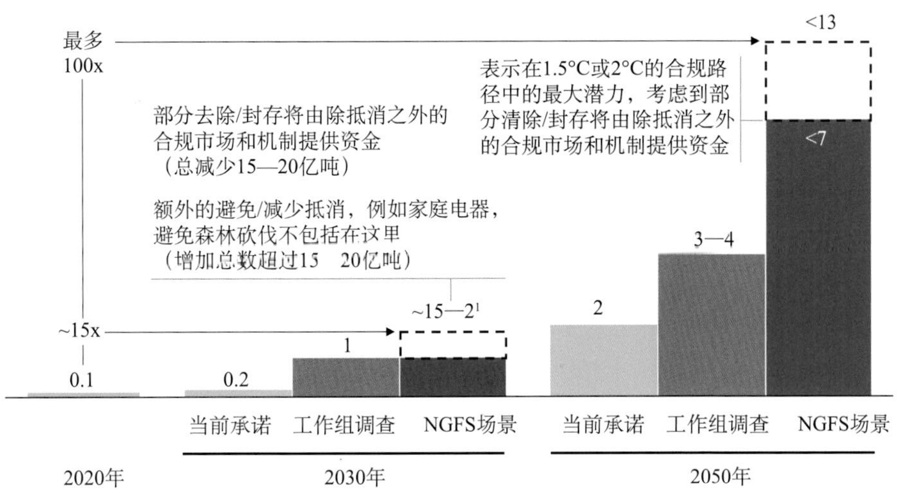

图 17 自愿需求情景

资料来源：金融体系绿化网络（NGFS）。

① 有关更富有雄心的脱碳方案，请参阅 Kimberly Henderson、Dickon Pinner、Matt Rogers、Bram Smeets、Christer Tryggestad 和 Daniela Vargas 的“气候数学：1.5 度的路径会怎样”，麦肯锡季刊，2020 年 4 月 20 日，McKinsey.com.

本报告含盖内容和不含内容如表2和表3所示。

表2 本报告含盖内容和不含内容（1）

含盖内容	不含内容
• 一种确定自愿碳抵消潜在需求上限和下限的方法 • 基于三种不同分析方法的一系列场景	• 预测 • 供给侧观点 • NGFS情景的可行性评估

表3 本报告含盖内容和不含内容（2）

含盖内容	不含内容
• 一种确定潜在供应量的方法 • 基于对选定的大规模潜在碳抵消项目类型进行分析的情景	• 预测 • 对所有碳信用潜力的全面评估 • 对制约因素的完整评估（例如，碳储存能力和可及性）

4.2 供给情景

4.2.1 确定2030年碳信用潜在供给量的途径

确定潜在的碳抵消供给量需要评估四种项目类型面临的重大挑战：

1. 避免自然损失：减少损坏森林、泥炭地等具有较好固碳功能的自然生态。避免自然损失是NCS的一部分。

2. 自然封存：利用自然景观进行生物固碳，包括再造林、土壤修复、红树林、海草和泥炭地。自然封存也是NCS的一部分。

3. “额外”碳排放的避免或减少：在减少已知来源碳排放方面缺乏脱碳的财务激励或监管要求。常见的项目类型包括安装清洁炉灶、改变工业流程以及资助尚无竞争力的地区向可再生能源过渡。

4. 技术去除：借助BECCS和DACCS等现代技术从大气中直接去除二氧化碳并将其储存在地层中。

每个抵消类别各有特色，可满足买方多元需求，并且随着时间推移，各自发挥的作用会发生变化。例如，避免自然损失项目成本低，具有很高的环境协同效益，对项目周围生物多样性、水质和土壤质量有积极影响，但受森林、泥炭地等始终存在被毁坏的风险影响，该项目可能难以永久维持。可施以设置缓冲区等对策来降低“避免自然损失”类项目的风险。自然封存也可以带来较好的共同利益，但面临动员挑战，例如土地竞争。碳排放避免或减少项目对于未来10年的脱碳至关重要，并且将会成为碳信用供给量的主要渠道。技术去除对于大规模碳去除和永久存储至关重要，但它目前的规模还居于次席，开发新的规模通常需要很长的交付周期和高昂的成本。

为了形成自愿碳抵消市场蓝图，我们设置了一个供给情景，重点关注 2030 年潜在的碳信用供给。之所以选择 2030 年，是因为既可反映未来 10 年对应对气候变化的重要性，又可以反映工作组的雄心，促进有序行动。2030 年后，碳信用供给必然发生变化，比如随着技术推广和成本下降，DACCS 的潜力可能会增长。

该供应情景侧重于已存的碳抵消规模相对较大的项目类型（见图 18）。例如，该场景使用已有文献[①]来确定较高优先级 NCS，并使用全球 CCS 研究所等数据评估技术去除。学术文献表明，技术去除可能占潜在供给量的四分之三左右。[②]

这并非说其他项目类型不重要——随着碳抵消领域相关研究持续推进，有可能产生其他项目类型，比如目前注册发行量较大的改进森林管理（IFM），以及可再生农业实践[③]和生物炭技术。

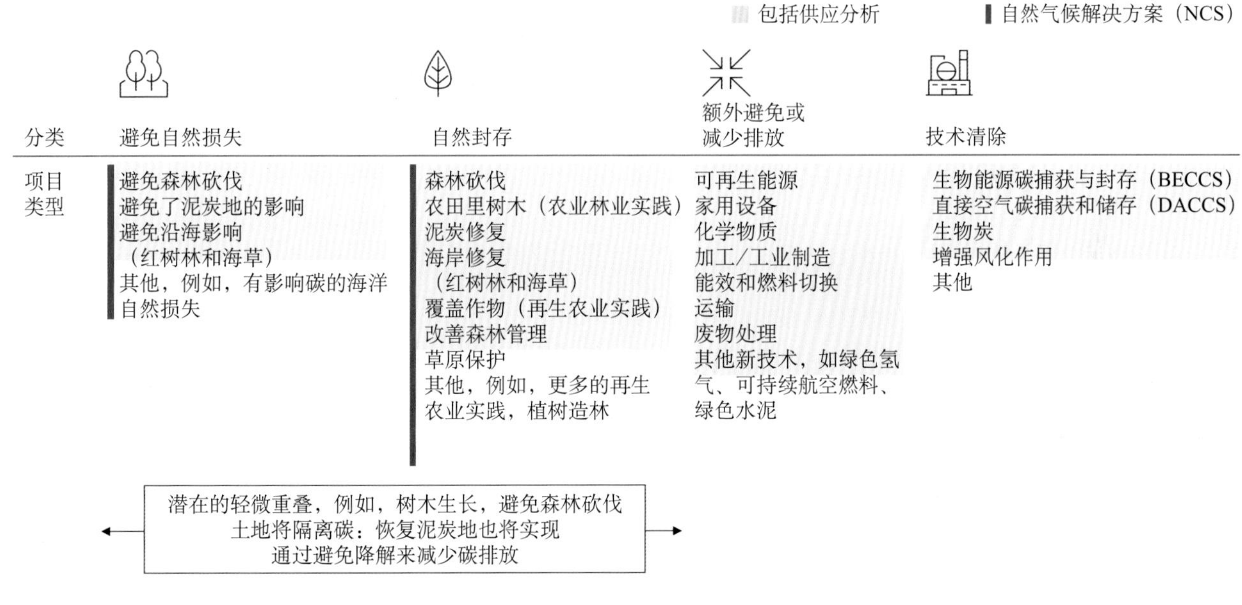

图 18　为进行详细分析而选择的项目类型

资料来源：麦肯锡分析；麦肯锡自然分析。

① 来源包括自然气候解决方案（Griscom 等，2017）。

② 例如，具有成本效益的 NCS 缓解水平有助于将全球变暖控制在 2℃以下，估计总减排潜力为每年 113 亿吨 CO_2，涵盖的 NCS 是每年 83 亿吨 CO_2（Griscom 等，2017）。

③ 文献综述表明，可再生农业实践（如牧场豆类、优化放牧和低耕 / 免耕）每年可产生 2 亿—10 亿吨 CO_2 的碳信用。

4.2.2 确定 2030 年碳信用潜在供给量的方法

供给情景使用特定方法估计每个项目类别的潜在抵消供给量。

1. 避免自然损失：为确定预期的自然损失，我们使用最新科学文献对历史覆盖率、当前覆盖率和未来预计覆盖率进行了基准化分析。比如，在避免森林砍伐的情况下，我们参考了 Busch 等 2019 年[①]的分析方法，通过对森林砍伐总量、农业收入等进行预测，估计 2050 年避免森林砍伐的地理空间分布潜力。

2. 自然封存：对每个项目类型使用不同方法，混合使用科学文献和地理空间映射来确定物理固碳和生物固碳的总潜力。比如，在再造林的情况下，首先确定了生物固碳潜力，然后调整完善生物群落。在此过程中，NCS 可能具有负面的气候影响，比如受反照率效应影响，在非森林生物地区和北方森林中再造林；缺水；人类足迹影响（不包括农田和城市地区，以及预计城市扩张的地区）；其他具有高经济回报的土地。

3."额外"碳排放避免 / 减少：我们使用十分保守的方法来确定当前所避免或减少的额外碳排放的规模，[②]不包括在建项目和对新项目的预测，是高度保守的下限。

4. 基于技术的去除：BECCS 的潜力通过对全球林业和农业残留物可持续生物质的可用性进行评估来确定，而之所以称为"可持续"生物质，是因其经过了环境、社会和经济"过滤器"的筛选。例如，为保持土壤质量而限制残留成分数量、考虑机会成本。生物质材料的可用性是影响 BECCS 规模的制约因素，因为土壤的碳储存潜力[③]是巨大的，比如燃煤电厂等都可以建造 BECCS 设施。对于 DACCS，工作组对商业工厂潜在的扩大规模做出了由外而内的假设，以管道项目为起点对外推广。

4.2.3 碳信用供给的"实际"潜力大小

总的来说，我们研究发现，2030 年碳信用供给的"实际"潜力是每年 80 亿—120 亿吨 CO_2（见图 19）。"实际"潜力是解决方案中碳信用总潜力值的一部分，每项资源越接近总潜力值，获取碳信用就变得越困难。它不包括低可行性的土地，因为这些土地更有可能通过捐赠、政府拨款等自愿碳市场以外的机制获得。例如，到 2030 年，再造林的"实际"潜力为每年 10 亿吨 CO_2，不包括低可行性土地每年额外供给的 11 亿吨 CO_2。[④]许多经济、政治和社会视角可确定其可行性，实际上这些视角不"实际"或不适合用于划定自愿碳市场不同区域间边界。然而，该分

① Busch 等，Nat.Comm.9，436-466；麦肯锡自然分析公司的分析 2019 年。

② 麦肯锡对公共注册数据的分析，包括 ACR、CAR、GS、Plan Vivo、VCS。

③ 全球 CCS 报告:《2020 年全球现状》，全球 CCS 研究所。

② 到 2030 年，所有自然气候解决方案每年总潜力为 102 亿吨 CO_2，其中实际部分被过滤到每年 67 亿吨 CO_2（避免的自然损失为 38 亿吨 CO_2，自然封存 29 亿吨 CO_2）。

析将以低可行性土地分类为标准评估农业地租的经济困难和可行性。[①] 农业地租被定义为农业用地的经济回报，是与自然气候解决方案相关的土地利用选择的关键决策因素，农业地租在大多数关于农业用地成本的学术文献中都有涉及。

相较之前的估测尺度，尽管我们考虑到了经济可行性过滤器等方法，但这种 80 亿—120 亿吨 CO_2 的“实际”潜力值仍是保守的，到 2030 年，叠加碳信用面临的四个重大动员挑战影响，碳信用市场供给量可能只有 10 亿—50 亿吨 CO_2（见图 20）。

到 2030 年，NCS 共占碳信用“实际”供给潜力的 65%—85%（约每年 67 亿吨 CO_2）。在上述严格的生物物理、人类活动和经济过滤器假设下，该比值相对之前的估计较为保守，比如 Griscom 等在 2017 年发表的报告[②] 认为，到 2030 年，每年将有超过 10 亿吨 CO_2 具有“成本效益”潜力。

潜力最大的 NCS 是避免森林砍伐和泥炭地影响、泥炭地恢复和再造林。考虑到它们巨大的潜力、环境协同效益以及在避免自然损失的情况下碳排放避免或减少的直接性，世界经济论坛旗下的 NCS 联盟等机构正在加快推动扩大其规模。

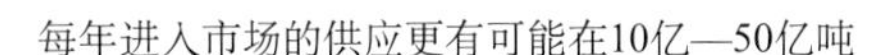

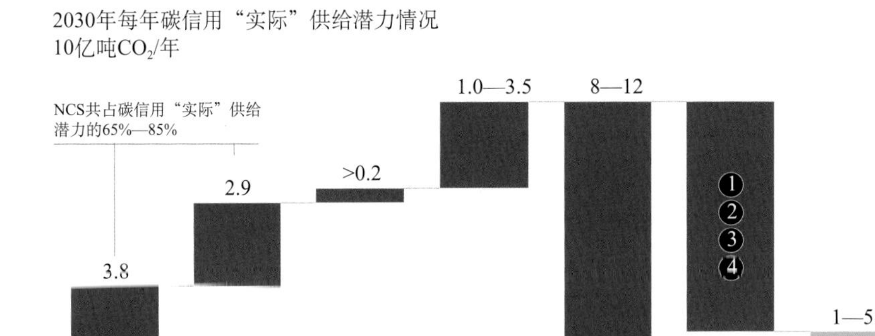

图 19　说明性的动员挑战场景

---

① 使用每年每公顷 10 美元和 45 美元的统计阈值来区分高、中、低可行性区域，对应生态区中值的第 33% 和 66%。例如，在巴西测试这一方法时，巴西约 75% 的自愿碳信用来自高或中等可行性区域。

② Griscom 等（2017）：自然气候解决方案。“成本效益”潜力是指每吨二氧化碳价格低于 100 美元。

在测试动员挑战情景时，2030年市场潜在供给更有可能在10亿吨到50亿吨

该情景旨在说明动员挑战的影响程度

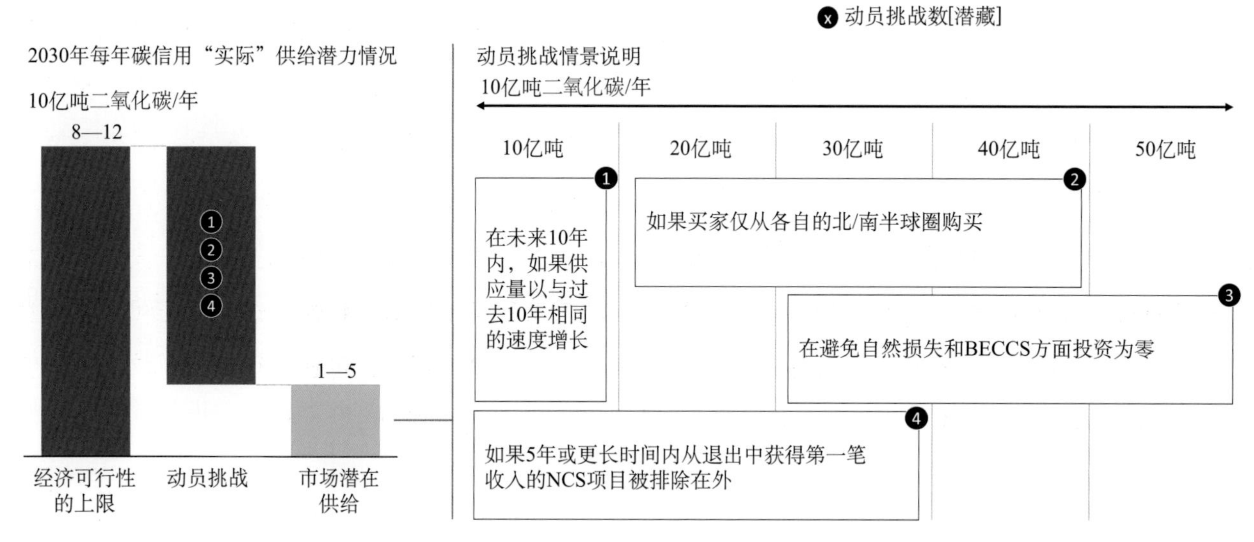

图 20　2030 年每年碳信用额度的“实际”供给潜力

4.2.4　动员和扩大项目面临的重大挑战

每种项目类型都面临动员挑战。

挑战 1　扩大的速率和复杂性

就所有碳信用项目类别而言，所需的规模扩大速度是前所未有的，将从根本上改变 NCS 中的土地使用方式。如果未来 10 年的供给规模和过去 10 年一样，我们仅仅将达到每年 10 亿吨 CO_2 的碳信用供应量。例如，为了实现我们预计的“实际”潜力，大约有 100 个燃煤发电厂不得不转变为使用 BECCS 设备才能消除每年 10 亿吨 CO_2 的排放量，但目前将该技术列入日程的项目还不到 5 个。[①] 对于再造林而言，要想每年吸收 10 亿吨 CO_2 的排放量，再造林的面积就需要覆盖相当于加利福尼亚州面积 2 倍的土地。[②] 从外部来看，固有的异质性、测量和核查等技术障碍使 NCS 规模扩大变得复杂。此外，鉴于行动和再造林等项目种类带来碳固存影响存在时滞（例如，对于北方或者针叶林来说，需要 3—5 年[③]），要想如期实现 2030 年的碳供给潜力，必须在 2030 年之前数年采取迅速行动。

① 资料来源：麦肯锡公司对 2019 年世界资源研究所全球发电厂数据库的分析，假设平均燃煤发电厂容量约为每年 10 亿吨 CO_2 捕获；CCS 碳捕获和封存技术全球现状报告 2020。

② 全球造林平均固存率约为每公顷 9.6 吨 CO_2。

③ 麦肯锡气候承诺数据库用于承诺需求建模，只包括承诺净零碳中和的公司，不包括其他承诺，例如 SBTs，RE100 等。

挑战 2 地理集中度

分析表明，大部分低成本的 NCS 潜力位于南半球。例如，印度尼西亚和巴西这一数值合计占总数的 30%。这种区域和国家集中有两层含义：第一，鉴于目前为止 90% 的抵消承诺来自北半球的公司[①]，国际采购协议将是成功扩大 NCS 的先决条件。在建立风险评估方面，可能会比较复杂。如果买家只从他们各自所在半球购买碳信用，我们在 2030 年的碳供给量将达到每年 20 亿—40 亿吨 CO_2。第二，由于 NCS 的高度集中，少数几个国家在确定动员的供给量方面至关重要。政治意愿、法律政策和操作便利性是影响碳信用供给调动的三个重要因素。世界银行发布的《世界治理指标（2019）》中一项“操作便利性”指标显示，通常情况下，NCS 高集中度的国家，国家治理得分较低。总之，高集中度意味着有很高的国家依赖性，这些国家可能不太适合采取行动。因此，可能有很大的风险，使“实际”的 NCS 潜力无法实现。

挑战 3 风险

所有项目都有不同类型和程度的风险。例如，为了避免自然损失，存在永久性方面和可能发生泄露的风险，如果以不可持续的方式用 BECCS（生物能源碳捕获与封存）获取生物量，将会对粮食安全造成风险。

这些风险可能会阻碍行动，最终减少对市场的供应。如果在避免自然损失和 BECCS 方面的投资为 0，到 2030 年我们将达到的每年碳信用的供给量为 30 亿—50 亿吨 CO_2。

挑战 4 缺乏经济吸引力

对于许多 NCS 来说，由于投资和注销碳信用（例如，收入）之间存在时间差，开发此类项目不具有经济吸引力。例如，一个再造林项目平均需要 6—7 年的时间才能产出第一批碳信用额，如果能避免毁林发生，则需要 5 年。[②]除此之外，高财务风险等因素也会抑制投资。如果不包括那些在 5 年或更长时间内从回收中获得第一笔收入的 NCS 项目，到 2030 年，每年碳信用额度的供给量将达到 10 亿—30 亿吨 CO_2。此外，对永久性避免或减少、去除或封存排放的风险意味着可能需要“缓冲”，从而也就会进一步侵蚀项目利润。其结果是，即使在规模经济下，对于追求回报最大化的投资者来说，NCS 在经济上也没有吸引力。虽然目前出现了创新的融资模式，例如买家将资金集中到前端投资的生计基金，但要使它们被广泛使用，还有很长的路要走。工作组

① 麦肯锡气候承诺数据库用于承诺需求建模，只包括承诺净零碳中和的公司，不包括其他承诺，例如 SBTs、RE100 等。

② 麦肯锡的注册分析：Plan Vivo，VCS- 核证碳标准，GS，ACR，CAR。

建议，所有类型的碳信用项目都需要融资，以满足实现1.5℃温控目标的碳预算需要：避免、减少和去除、封存（包括降低边际成本和新技术推广应用）。长远来看，资金流将不得不转向支持去除类项目，包括技术去除和永久封存。同时，在未来的几十年中，仍需大量的资金支持和维持现有的自然损失项目。主要基于以下两个原因：

第一，从避免或减少到去除或封存的转变：因为目标是实现“净零”，所以剩余碳排放必须要去除或封存，而不是避免或减少排放。

第二，去除或封存，需要转向技术去除，同时维持自然碳汇：自然封存（生物存储）潜力有限（见第3章），所以需要额外的技术去除（比如，地质封存）。该技术潜力巨大。此外，生物封存通常有很大逆转风险，尽管理论上生物封存可以将碳存储数千年，但它比当前条件下的地质封存面临更大的风险，例如政治动荡、经济压力、火灾和疾病等。为最大限度降低风险，地质封存等逆转风险较低的技术去除项目可逐渐在组合中占更大比例。

4.3 价格情景

4.3.1 方法

目前，自愿碳市场中碳信用的平均价格大约是每吨2—10美元。不同项目类型、地点和信用属性（如年份和共同收益）的碳信用价格存在很大差异。例如，相比林业和土地使用的碳信用[①]价格为每吨4.3美元，可再生能源的碳信用平均价格是每吨1.4美元。

未来几年，价格将取决于碳信用整体需求变化、买方偏好和有效供给。在这个分析中，工作组测试了两个总体需求的案例：每年的“××亿吨CO_2”和到2030年每年的“××亿吨CO_2”。针对买方偏好的四种情景，工作组测试了这两种需求情况，然后将产出映射到供给成本曲线以确定加权平均价格。此外，工作组在本章的开头加入了一个三角点，将NGFS气候模型的价格估计值与需求情景的上限方法相匹配（见图21）。这些情景只是说明，而非预测。

通常，避免自然损失和自然封存处于价格范围的低端，每吨二氧化碳的成本是10—50美元，不同地域和项目类型的价格有所差异。技术去除的价格比较高，预计到2030年，BECCS和液体吸收式DACCS的大部分供给量将在每吨二氧化碳100—200美元[②]。与NCS一样，受到生物质类型（林业残留物通常比农业残留物便宜）、生物质来源、碳储存距离和可再生能源成本等因素影响，碳信用项目成本因地域而异。考虑到需要扩大技术去除的规模，不同投资者（例如慈善、金

① 森林趋势协会.自愿碳市场状况报告，2020年纽约市气候周特别篇：森林趋势的生态系统市场，自愿碳和大流行病后的恢复。

② 麦肯锡文献综述，包括英国能源研究中心、IPCC；麦肯锡的分析表明，累计100亿—300亿美元的资本支出投资用于将DAC成本降低到每吨二氧化碳约150美元。

融、公共部门投资者）的投资对于以可承受的价格支撑碳信用量可能至关重要。

在情景 A、B、C 和 D 的背后，是一系列驱动价格计算的假设（见表 4）。考虑到情形 E 直接从 NGFS 气候模型中提高了价格，我们在此不做讨论。

供应方案	描述
A 从历史供给盈余开始	假设买家将首先使用现有的信用供应，然后选择最便宜的新供应
B 低成本供应的优先性	假设买家在购买时使用最便宜的新供应（实际上，只包括自然气候解决方案）
C 基于技术方案的早期投资	假设买家在购买时使用最便宜的可用供应，但也投资足够的基于技术解决方案，使他们在2030年降低成本曲线
D 当地的供应偏好	假设买家将在本地购买（按全球南北地区划分）
E NGFS碳价格	从本报告的需求场景中使用的NGFS脱碳场景中获取的碳价格

查找每种场景下的价格的方法

（1）建立碳信用“实际”潜力的成本曲线：每年80亿—120亿吨CO_2（见下文）

（2）使用成本曲线来告知哪些项目类型将包含在每个价格场景中，例如，场景B：“低成本供应的优先级”，我们包括了2030年用于低和高需求信号量的所有信用。成本曲线的组成部分因场景和时间范围而异。

（3）找到了每个场景和时间范围中包含的项目类型的加权平均值。

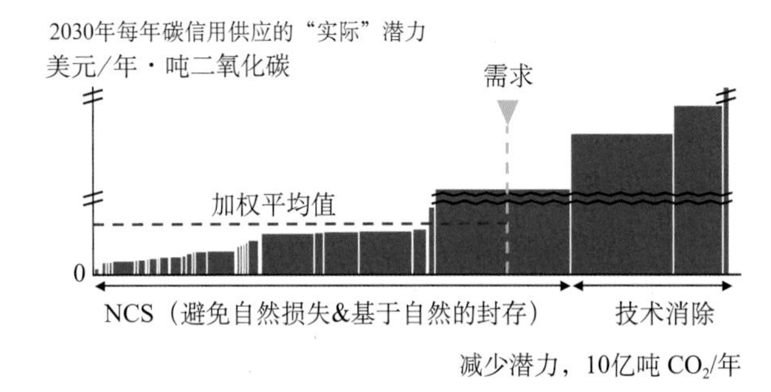

图 21　2030 年和 2050 年的 5 种价格场景测试

表 4　不同情景背后驱动价格计算的假设

情景	2030 年假设	2050 年假设
A. 从历史供给盈余开始	在新的供应之前，所有现有的供给盈余（存货）被使用。到 2020 年，这种供给盈余的规模为每年约 3 亿吨二氧化碳； “新”供给可以采用最低成本来满足需求； 考虑到动员挑战（例如，如果需求是 10 亿吨 CO_2，我们计算的价格范围最低是 15 亿吨 CO_2），需要中包含了 50% 的存储量	因为碳信用已被用完，所以不存在碳信用供给盈余； 避免或减少项目类型的供应将无法获得； 需求包括上述 50% 的需求缓冲； 1.5 亿吨碳信用用完后，技术方案的起始成本将从每吨二氧化碳 250 美元降低到每吨 150 美元（即有足够的投资将降低成本曲线水平）

续表

情景	2030 年假设	2050 年假设
B. 低成本供应的优先性	以最低成本部分去满足需求 需求包括上述 50% 的需求缓冲	避免或减排项目类型的供应将无法获得； 需求包括上述 50% 的需求缓冲 1.5 亿吨碳信用用完后，技术方案的起始成本将从每吨二氧化碳 250 美元降低到每吨 150 美元（即有足够的投资来降低成本曲线）
C. 基于技术方案的早期投资	需求包括上述 50% 的需求缓冲按照每吨二氧化碳 250 美元的起始成本，基于技术的 1.5 亿吨信用额不再使用（充足投资来降低成本曲线）	避免或减少项目类型的供应将无法获得； 需求包括上述 50% 的需求缓冲技术方案将以每吨二氧化碳 150 美元的成本提供（即有足够的投资来降低成本曲线）
D. 当地的供应偏好	假设 60%—80% 的需求来自北半球； 对于那些不能被当地供应满足的需求，基于技术的方案满足这部分需求。在 1.5 亿吨信用额不可用后，起始价由每吨二氧化碳 250 美元降为每吨 150 美元（例如，充足投资来降低成本曲线）	避免或减少项目类型的供应将无法获得； 技术方案可以以每吨二氧化碳 150 美元的成本满足超额需求（投资已经降低成本曲线）

在 2050 年取消碳排放避免或减少项目类型的假设建立在以下基础上：尽管将需要继续避免自然损失，但由于国家净零索赔要求的增加，抵消不太可能是最正确的机制，这就需要政府采取更有力的行动。

在所有场景中，我们通过一致的需求估计来达到市场规模。对于 2030 年，我们使用 10 亿—20 亿吨 CO_2 作为工作组调查的下限，将 NGFS 场景作为上限。因为“承诺需求”会增长，我们不会使用它作为下限。

4.3.2 结果

总的来说，我们得出了一个 2030 年的价格区间（在情景 A 中为 5—15 美元 / 吨二氧化碳，在情景 D 中为 50—90 美元 / 吨二氧化碳）（见图 22）。到 2030 年，上述市场规模将分别达到 50 亿—300 亿美元和超过 500 亿美元。

由于调动的供应类型趋于一致（见图 22），到 2050 年，情景 A、B、C 到达了同样的价格规模。这些情景中，低成本的自然气候解决方案（NCS）在 2050 年的占比低于 2030 年，原因是在总潜力中取消了避免或者减少的信用额，例如避免森林砍伐。反过来说，需要大量成本较高的并以技术为基础的碳去除工作来满足需求。

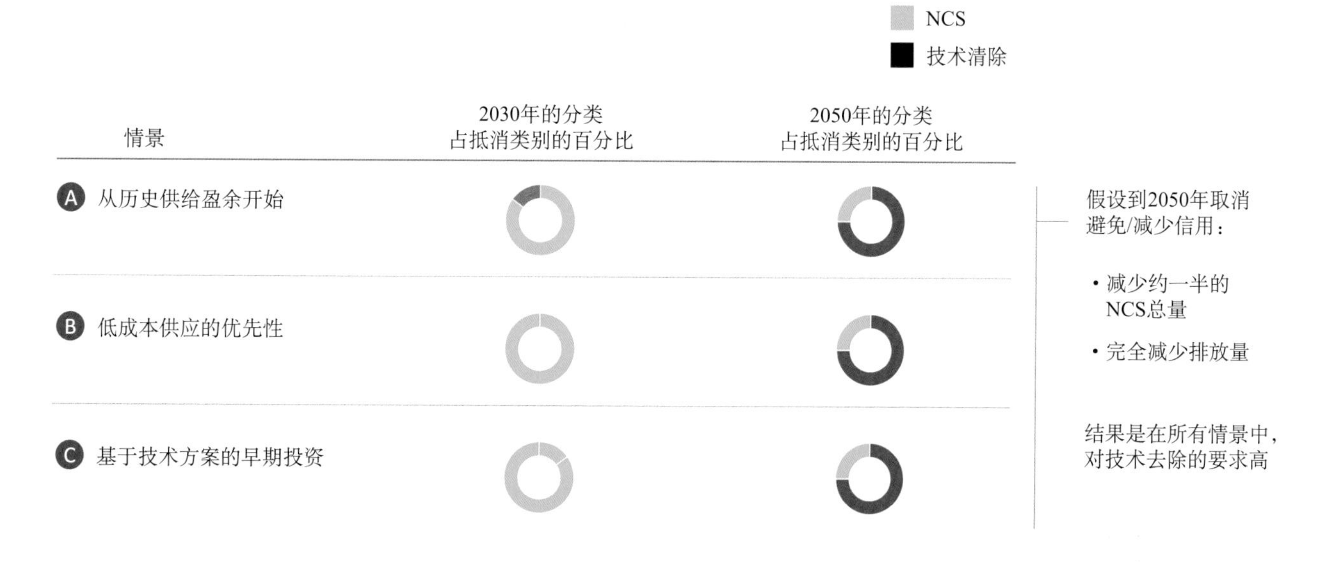

图 22　2030 年和 2050 年情景 A、B 和 C 的价格范围中包含的碳信用分类

注：我们将成本曲线中已覆盖成本的 NCF 包含在内，未覆盖成本的 NCF（约 25 亿吨）排除在外。

4.4　蓝图的 4 个关键含义

从需求、供应和价格情景中提出 4 个关键观点，以及它们对扩大自愿碳市场蓝图的影响。

在需求方面，碳去除或封存不能取代对紧急和立即碳排放避免或减少的需要，因为即使在最雄心勃勃的脱碳方案中，这也是必要的。

工作组强调，随着碳抵消的作用越来越重要，大规模的碳排放避免或减少应从现在开始列为优先事项。这一点反映在若干建议中：

行动建议 11

建立碳抵消使用原则——有助于确保抵消不会排挤其他气候行动。

行动建议 13

统一关于企业碳抵消声明的指南——明确区分“避免或减少”和“去除或封存”的作用。

行动建议 17

为投资者提供统一的碳抵消指导——支持投资者考虑是否选择气候行动。

需要一个涵盖从“避免或减排”到“去除或封存”的多元化项目组合。

面对扩大碳信用供给涉及的动员挑战，除非所有项目类型都增加供给，否则很难实现既定目标。此外，不同项目类型都有相应的优缺点，这意味着决策者需要进行一系列选择。最后，随着时间推移，不同项目类型扮演的角色将会发生变化。例如，从长期来看，技术去除的重要性可能会增加。

工作组建议利益相关者要认识到每种碳信用项目类型在满足企业要求方面所发挥的作用，并建议投资者要向企业相应地发布明确指引。下面这项建议反映了对多元化项目类型组合的需求。

行动建议 16

为市场参与者和市场运作建立治理体系——这种治理将制定关于随着时间的推移适当使用或排除项目类型的指南，从而更好地支持使用各种碳信用。

买家和卖家需要在全球交易碳信用，以此确保供应充足，让每个人受益

碳抵消需求与供给的来源之间存在地域错配。因此，扩大自愿碳市场的机会取决于有效、高度完整的国际碳抵消交易机制，可使资金能够跨境流动。包括监管机构在内的所有市场参与者，都需要鼓励碳信用相关资本进行国际配置。其必要性反映在以下几项建议中：

行动建议 1–20

该行动建议旨在促进碳信用买方和供给商的大规模有效匹配。

从现在起，所有抵消项目类型都要迅速扩大供应

为确保满足到 2050 年及以后的碳信用需求，我们必须及早采取行动，克服调动方面的挑战和筹备时间较长的困难。这包括对技术去除进行早期投资，以确保到 2050 年时可以低成本促成足够的减排规模，以及采取创新行动来克服 NCS 中的动员挑战，如降低项目投资风险以提高对投资者的财务吸引力。到 2050 年，我们需要将主要精力转向技术去除方式。这种行动的紧迫性体现在：

行动建议 3

扩大高质量供给

下一章将介绍工作组的蓝图和扩大自愿碳市场规模的建议。

5. 蓝图及建议

为支持自愿碳市场的扩大，工作组确定了6个需要采取行动的主题，涵盖整个价值链（见图25）。6个行动主题是:

一、核心碳原则和属性分类法

二、核心碳参考合约

三、基础设施：交易、交易后、融资和数据

四、关于碳抵消合法性的共识

五、确保市场完整性

六、需求信号

如图23所示，针对6个行动主题，工作组提出了20项行动建议。这些行动建议构成工作组蓝图的核心。

行动主题　行动建议

供给和标准	市场中介	需求
1 核心碳原则和属性分类法	2 核心碳参考合约	6 需求信号
1 建立CCPs和额外属性分类法	4 引入核心碳现货和期货合约	17 为投资者提供统一的碳抵消指导
2 评估CCPs的遵守情况	5 建立活跃的二级市场	18 提高消费者对产品的信任度和意识，包括采用销售终端解决方案
3 扩大高质量供给	6 提高场外市场的透明度和标准化	19 加强行业合作和承诺
		20 建立需求信号机制

3 基础设施：交易、交易后、融资和数据

- 7 建立或利用现有的大容量交易基础设施
- 8 创建或利用现有的交易后基础设施
- 9 建设先进的数据基础设施
- 10 促进结构化融资

4 关于碳抵消合法性的共识

- 11 建立碳抵消原则
- 12 统一关于企业碳抵消声明的指南

5 确保市场完整性

- 13 建立高效的、快速的核查方法
- 14 制定全球反洗钱（AML）和了解客户（KYC）指南
- 15 建立法律和会计框架
- 16 为市场参与者和市场运作建立治理体系

蓝图外的解决方案
明确与国家自主贡献之间的关系

图 23　价值链关键行动建议

5.1 核心碳原则与属性分类法

自愿碳市场的成功发展有赖于建立信誉和透明度，这也是确保市场对任何新参考合约都有信心至关重要的原因。为了使参考合约具有高度完整性，需要制定一套核心碳原则，根据这些原则可以评估碳信用及其基础标准和方法学的合理性和适用性。

行动建议 1

建立核心碳原则和分类

工作组建议，为避免、减少或去除的每一吨经过核查的碳（或碳当量）制定核心碳原则（CCPs）。核心碳原则规定了碳信用及其支持标准与方法[①]应遵守的门槛质量标准（见图 24）。工作组认为，应尽可能广泛地定义核心碳原则，同时保证碳信用具有高度的完整性和高质量。图 25 中关于质量标准的详细定义也可在附录中找到。

对于碳信用的“永久性”标准（见图 25），值得注意的一点是它包括缓冲规定。此类缓冲规定在一些情境下可作为一种保险政策，例如，森林火灾释放了之前碳信用项目中抵消的二氧化碳，导致二氧化碳重回大气层，为此，需要其他项目贡献足够的、额外的二氧化碳减排量来弥补这些损失。这意味着，在不幸事件损害了有关项目减碳成果的情况下，买方已核查并注销的碳信用仍然有效。另外，针对碳泄漏问题，相关标准将要求测算项目中应计入碳泄漏范围内的碳减排量或碳去除量。

一个重要的决策是，核心碳原则适用的项目是否应为某特定年份后的项目或已达一定年限的项目，从而排除在特定日期之前的减排项目。[②]值得注意的是，不管最终该决策内容是什么，任何年份的碳信用必须证明其方法学符合核心碳原则。工作组将做出上述决策的机会留给未来的治理机构。相关治理机构可以选择排除特定年份前的所有碳信用项目，或仅排除某些项目类型。需要注意的是，某些项目类型的核查周期较长（如，造林项目可能需要每 5 年核查一次，以获得足够的碳捕获量，证明成本的合理性）。许多易受气候变化影响的脆弱地区的适应类项目（例如，发展中国家社区项目）是在 2016 年之前开展的。因此，针对年份的限制不应使资金远离此类我们想要鼓励支持的项目活动。最后，工作组还讨论了一种可能的模式，企业可以使用以前的碳信用来抵消历史排放量。这类建议可以使企业为抵消历史排放量而增加对碳信用的需求。

参与工作组的买家表示希望继续定制他们的

① 我们所用的标准参考了温室气体信用项目（例如，黄金标准、Verra、ACR、CAR 等），所用方法论参考了该标准提供的用于评估项目的具体文件。

② 每个项目有 3 个关键日期：项目启动日期、碳信用发放年份和实际减排发生的年份。本报告讨论的年份一般指实际减排发生的年份。

碳抵消购买。例如，有的买家希望支持某个地区、提供资金给新技术（如 BECCS、DACCS）、特定价值链或支持其他 SDG 目标。为了满足标准化和定制化的需要，工作组制定了一个建议框架，将核心碳原则与单独的额外属性相结合（见图 25）。区分额外属性与核心碳产品的根本原因是提升核心碳参考合约（基于核心碳原则）的流动性。如果买家购买了额外属性合约，他们将获得符合核心碳原则的碳信用，同时满足他们所选择的特定额外属性，但价格会高于核心合约的价格。额外属性的分类包括年份、项目类型、协同效益，如对 SDG 目标的贡献或对技术创新的贡献，此类贡献可以体现在降低成本曲线、选取项目所在地和进行相应调整等方面。

特别是，一些买家也许只想购买符合核心碳原则且是除碳类项目的碳信用，因为这些碳信用对于公司在未来作出特定类型的声明（如实现净零目标）可能是必要的。此外，此类对于额外属性的分类还应进一步区分地质储碳类碳信用和生物储碳类碳信用。因此，从长远来看，可以考虑单独制定针对去除类项目的核心合约。

最初，考虑到在短期内，大多数碳信用可能仍来自避免和减少碳排放的项目，工作组建议只保留一种核心合约，以避免影响各类项目的流动性。但与此同时，也不应阻止任何机构制定符合核心碳原则的仅针对碳去除项目的合约。如果这确为市场所需，流动性将自然转向碳去除合约。随着时间的推移，也可以考虑增加其他额外属性，包括能够选择符合特定标准的碳信用，以及选择符合 CORSIA 资质的碳信用。

为促进核心碳原则的发展，工作组建议由独立的第三方机构制定和更新核心碳原则。[①] 该第三方机构的治理结构需最大限度减少利益冲突，并确保随着时间的推移和基于最佳可用数据，诸如额外性、永久性和构成足够缓冲的内容等概念不断更新，以保持所有参与者的信心。如果某些标准或方法不符合某类碳信用的特定关键标准，该机构将负责调整核心碳原则。

该治理机构未来将需要决定哪些项目类型不符合质量门槛或只能通过额外的条件来满足。[②] 以可再生能源项目为例，随着可再生能源变得更加经济高效，最终它们可能会因不再符合额外性原则而被排除在碳信用项目范围外。这种转变已经开始：自愿碳标准项目（Voluntary Carbon Standard，VCS）已不再接受在最不发达国家之外的并网可再生能源项目，黄金标准（Gold Standard）也设立了类似的条件。

未来的治理机构还必须对是否将清洁发展机制（CDM）下的碳信用（即“核证减排量”，CERs）纳入自愿碳市场表明意见，因为 CDM 项目大部分是与可再生能源相关的项目，而这类项目通常不被视为自愿碳市场的一部分。有一个案例潜在地质疑了某些 CERs 的额外性。对 2013—2020 年的 CERs 的一个分析表明，至少 70% 以

① 工作组不是制定核心碳原则的实体，应该由独立的机构制定并持续更新核心碳原则。

② 这些是为了作为最低限制条件。独立标准本身可以在他们认为合适的情况下，在这些最低限制条件之上设置额外条件。

上的项目不具备额外性。[1]对 CERs 的审查还需包括后来经独立标准核证转换的碳信用。

另一个可能需要治理机构设定条件的项目类型是"REDD+"。[2]过去，人们担心此类项目的基线、永久性和碳泄漏问题。例如，火灾或非法伐木者可能会使林业项目中的树木遭受损失。对此，自愿碳标准机构已经采取了一些预防措施（例如，改进项目设计、全面核算潜在的碳泄漏、建立缓冲池以管理逆转风险，以及建立其他评估有效性的框架）。在关于如何确保这些"REDD+"项目有效性的讨论中，对于是否应该在中长期允许单独的"REDD+"[3]项目存在仍有争议。此外，由于许多政府已开始在其管辖范围内考虑通过减少森林砍伐和森林退化减排，在核算中，需要确保将政府管辖范围层面的（如国家级）和单独的"REDD+"项目带来的减排量加总。因此，如有可能，可将单独的"REDD+"项目嵌入政府项目。[4]

考虑到存在争议，治理机构或许可考虑实施额外的预防措施，并根据最新可用的科学结论，通过结构化流程和协议定期更新这些措施。如，与"REDD+"相关的此类措施可能包括：（1）如果国家对政府管辖范围层面的"REDD+"活动或项目池带来的减排量进行了核算，则所有此类项目活动必须嵌入政府管辖范围层面的"REDD+"项目;（2）对于未纳入政府管辖范围层面核算的"REDD+"项目活动，可以独立运作（即不需要嵌入政府管辖范围层面的项目）；（3）如果此类独立运作的项目活动之后被纳入政府管辖范围层面项目，则此前来自独立运作活动的碳信用将失效（在合理的过渡期之后）。此外，应采取额外的保护措施，以确保有足够的措施来解决非永久性和碳泄漏问题，并开展严格、透明的监测（例如，应用卫星图像和实地核查）。最后，值得注意的是，买家可以通过额外属性选择政府管辖范围层面的或单独的"REDD+"信用。

随着治理机构对核心碳原则的指导不断发展，它应该具备前瞻性（而不是回溯过往）。如果供应商和资金提供方投资于当时符合标准的项目，但因标准变化导致剩余的碳信用将不再可货币化，将会影响市场信心。

为确保公正，并控制导致利益冲突的风险，工作组认为治理机构不应与任何特殊部门或政治利益挂钩。工作组认可现有的 ICAO/CORSIA

---

① Cames 等："清洁发展机制有多大附加价值？" Oeko Institut 和 SEI，2016 年 3 月，infra.ch.

② "REDD+"代表通过减少滥砍和防止森林退化减少排放，加上持续管理森林以及保护和提高森林碳储量。我们通过《巴黎协定》第五条来识别"REDD+"。在本书中"REDD+"并不特指 UNREDD+ 框架，而是泛指自愿碳市场中以联合国框架为基础的方法论。

③ 基于项目的"REDD+"通常支持森林所有者或当地社区获得碳信用，以保护其森林不被砍伐，而政府管辖或嵌套的"REDD+"通常支持政府项目，以保护森林不被砍伐，可能通过私人土地所有者"嵌入"更广泛的政府项目。

④ 值得注意的是，在"REDD+"之外，通常其他自然气候解决方案，如土壤和农业碳、草地和蓝碳，由于不在管辖范围内而不需要嵌入。

原则和基于这些原则的参考合约，例如CBL市场中的全球排放抵消（GEO）期货合约。有关ICAO/CORSIA原则、ICROA原则和核心碳原则提议的原则间的比较，请参见图25。除了对“REDD+”信用、CDM信用和年份的处理不同外，ICAO/CORSIA原则与ICROA原则的主要区别在于评估的尺度不同。ICROA根据标准水平批准项目（例如，不评估独立方法），而CORSIA使用混合方法，在某些情况下评估标准，在某些情况下评估独立方法。理想情况下，治理机构应努力吸收ICAO/CORSIA的有用经验教训，以简化对标准的评估。

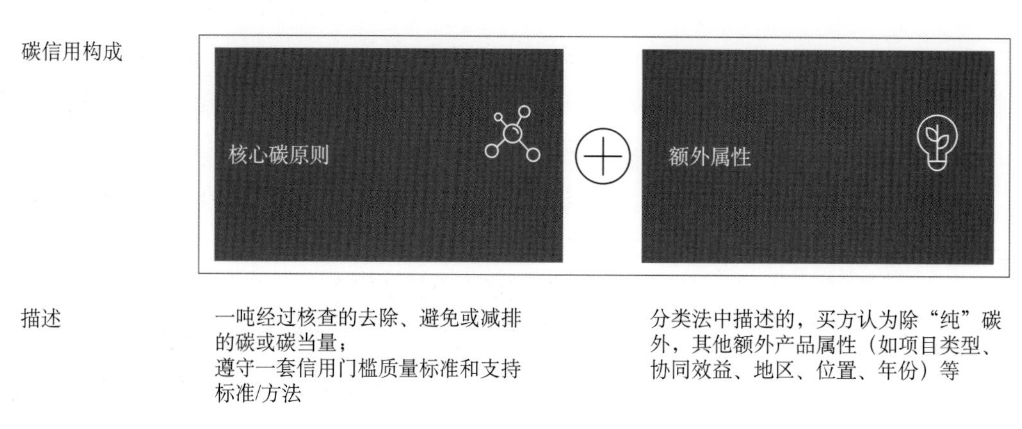

图24　核心碳原则和额外属性的定义

1.附录中门槛质量标准的定义。工作组还认识到还有其他举措正在进行中（如世界银行、世界自然基金会/欧洲发展基金会/奥科研究所等）。
2.根据CORSIA的资料，目前的年份规则是指由于从2016年1月1日开始的第一个计入期的活动和到2020年12月31日发生的减排量而发放的碳信用。

图25　潜在核心碳原则示例

资料来源：ICROA，CORSIA，世界自然基金会/EDF/Oeko研究所。

核心碳原则标准和定义

核心碳原则的标准和定义如表5所示。

表5 核心碳原则和额外属性的定义

	标准	描述
碳抵消产品的最低质量标准	一、清晰、透明的会计准则和方法	独立标准必须公布会计准则和方法，以确保减排和/或去除的： **真实性**：测量、监测和核查已实际发生。 **额外性**：除了温室气体的减少或去除。项目显示出保守的照常业务（BAU）方案，盈余必须满足监管要求。司法管辖程序显示了在历史参考水平以下的额外减少。 **基于现实和可信的基准线**：仅在保守的，且缺乏活动时使用假定的BAU轨迹排放基准线估计值（记录碳抵消）。基准线应在一个常规的、保守的时间框架内重新计算。 **监测、报告和核查**：基于准确测量和量化方法，以保守和透明的方式计算。必须由经认可的第三方实体进行核查。MRV应按规定的时间间隔进行。 **永久性**：仅针对永久性的温室气体减排或去除，或如果存在逆转风险，必须要求数十年期限，并建立全面的风险缓解和补偿机制，并有手段替代任何损失的单位。 **泄漏占比和最小化**：评估、减轻和计算，考虑到边界外排放的任何潜在增加，包括采取适当的扣减。 **仅计算一次**：没有双重发行或出售。
	二、不造成净损害	独立标准必须有确保所有项目都考虑相关的环境和社会风险的要求，并采取行动减轻相关的危害。
支持独立标准的最低质量标准	三、项目治理	这个独立的标准必须由一个政府或的非营利组织管理，以透明的方式制定项目治理方法，包括： • 负责该项目的组织、管理人员和工作人员的角色和职责，以及监督该项目的董事会组织； • 执行规则，以防止董事会、管理层和工作人员的利益冲突； • 公开的申诉和补救机制。
	四、项目透明度和公众参与规定	独立标准必须有关于以下公共利益相关者咨询的规定： • 制定程序规则和步骤； • 会计方法论； • 项目和政府项目（以备司法管辖权认证的情况）； • 利益相关者的意见应被透明地处理。

续表

	标准	描述
支持独立标准的最低质量标准	五、清晰、透明的独立第三方机构核查要求	独立标准必须发布对独立的第三方核查机构和审计的要求，包括评估和避免利益冲突，以及对核查和核查机构的认证和监督的规定。 此外，独立标准应要求核查和核查机构是由国际认证机构的 ISO14065 认证成员。
	六、法律基础	独立标准要求确保具有一个健全的法律框架以支持所有已发放单位的创建和所有权，包括： • 要求项目和项目开发人员提交法律陈述，以对所提交的文件承担法律责任； • 以适当的法律意见为基础，明确界定所发行单位的法律性质； • 注册表使用条款，规定了与程序注册表交互的进一步要求。
	七、公开可访问注册表	独立的标准必须有公开可用的注册表，以跟踪已发放的单位和基本的功能，用以： • 提供对所有用户的访问权限信息，包括核查声明和法律陈述； • 透明地发布、注销和取消单位； • 通过唯一的序列号单独识别单位，其中包含足够的信息，以避免重复计数（类型、地理、年份）； • 识别单位状态（已发布、注销、取消）； • 跟踪从创建到注销的监护权链。
	八、注册表运作	独立的标准必须有其规则和程序，以确保： **所有账户持有人：** • 通过“了解你的客户”检查； • 同意在使用条款中规定的关于使用注册表的法律要求。 **注册表：** • 防范注册表服务提供商的利益冲突； • 具有强大的注册表安全和定期安全审计的规定。

行动建议 2

评估核心碳原则的遵守情况

为就核心碳原则和额外属性实施相关标准、方法和核查，需设立独立的第三方机构。[①] 虽然这项工作也可以由制定核心碳原则的机构开展，工作组仍建议这项工作由单独的专家核查机构执行。这些核查机构（VVBs）应获得国际认可论坛（IAF）的认证。核查机构应进行审计和抽查，包括开展文件审查和临时现场考察。

VCS、GS、ACR、CAR、Plan-Vivo 和 ART[②] 等标准制定者应采用分类法。标准制定者应阐明其哪些方法学已获得符合核心碳原则的认证。

虽然我们承认方法层面的评估比标准层面的评估负担重得多，但其对于解决整个价值链中的重大质量问题至关重要。作为设计原则，在不影响完整性的情况下，尽可能减少管理负担非常重要。

需进一步推动的工作包括:（1）确定评估方法应有的详细程度，在行政负担和确保质量间取得平衡;（2）了解核查机构将如何处理有关核心碳原则的治理问题。应采用合理机制确保对履行核心碳原则的监管不会影响标准层面的创新。

行动建议 3

扩大高质量供给

为实现到 2030 年将具有高质量碳信用的自愿碳市场规模扩大 15 倍以上的宏伟目标，碳信用的供应量需要迅速增加，同时还要保证不牺牲碳信用的完整性或相应项目对当地社区的影响。这种规模扩大需要来自自然和技术两个方面。虽然已确定到 2030 年，每年的潜在碳信用额为 80 亿—120 亿吨二氧化碳，但要在市场中发挥这一潜力，在动员方面仍面临许多重大挑战。在每年 80 亿—120 亿吨二氧化碳的碳信用中，65%—85% 来自 NCS——特别是来自避免森林砍伐和避免泥炭地影响的项目（每年 36 亿吨二氧化碳）。扩大 NCS 的规模需要小型项目开发商和大型跨国企业共同努力。碳去除类项目的碳信用将需要来自新兴技术，如 BECCS、DACCS 等，以及通过现有大型跨国企业使这些技术进一步工业化。

为支持小型供应商，工作组建议建立一个供应商与资金提供方的匹配平台，供应商可在该平台上传项目建议书。理想情况下，该平台应包括供应商风险登记系统，例如允许上传供应商项目

① CORSIA 证明这是可实现的。

② 定义见附录中关于缩写的说明。

开发历史和信用评分，并遵从适用于任何其他自愿碳市场基础设施的相同标准和管控方式。对于负排放技术（如 DACCS、BECCS）和其他成熟的气候技术（如绿氢、可持续航空燃料），工作组鼓励及时和稳健地开发新方法。为支持开发这些具有挑战性的低碳解决方案，在相应的核心价值链内建立行业合作伙伴关系将是一个关键的推动因素。在所有的碳信用供应类别中，我们强调，需要根据已批准的符合核心碳原则的方法，认定和核实碳信用。碳信用不仅要满足所有质量标准，针对不同的项目类型，相应的防护措施也需要落实到位。

对于寻求支持自愿碳市场项目开发的大型参与者，企业可以通过多种方式帮助他们利用其现有能力开展气候变化减缓项目。这可能意味着与机构合作，应对与重大项目开发相关的挑战，或者就“REDD+”项目而言，这意味着说服主要利益相关方（如政府），对此类项目的碳信用有长期需求，并希望项目能嵌入政府管辖层面的项目。例如，石油和天然气开发商可以有效地利用其在澄清碳权、嵌入监管、利益共享方面的能力，增加项目所在地的社会、环境和经济效益。对于以技术为基础的碳信用，企业可以投资技术创新，并考虑改进相关资产。在所有项目类型中，项目开发商都需要确保核心碳原则尊重环境和项目的完整性，包括确保所有防护措施到位，并创造超越核心碳原则的积极社会影响。

5.2 核心碳参考合约

每个碳信用项目都有一些不同的属性（如，碳去除或碳避免、地理、年份、项目类型等），且每个买家都有不同的属性偏好。例如，一些买家希望购买与其地理位置或供应链有关的碳信用，或者能对特定的 SDG 造成影响或产生协同效益的碳信用。

将每个买家与符合其购买偏好的供应商匹配是一个耗时且低效的过程（见图 26）。因此，没有可每日提供可靠价格信号的具有流动性的参考合约（如，现货和期货合约），这反过来又使得扩大供应商融资和开展（价格）风险管理变得非常困难。

参考合约可以将供应商的产品和买家偏好捆绑在一起，从而显著提高买家和供应商的匹配效率（见图 27）。买家受益于简化的买家程序和价格透明度提升。供应商受益于价格风险管理和融资渠道改善，以及明确的价格信号，这能为他们的投资决策提供信息。

其他几个拥有非标准化产品（如玉米、石油和其他大宗商品）的市场过去也成功采用了参考合约开展交易。北欧电力市场（见图 28）将北欧系统电价作为核心合约，而额外属性（在这种情况下是交付地点）作为核心合约的附加项进行交易。许多其他大宗商品市场根据类似的原则运作，尽管相应的实物交易标的复杂性较高，但在不影响完整性和质量的情况下，这些市场成功地将合约标准化并扩大了其应用规模。

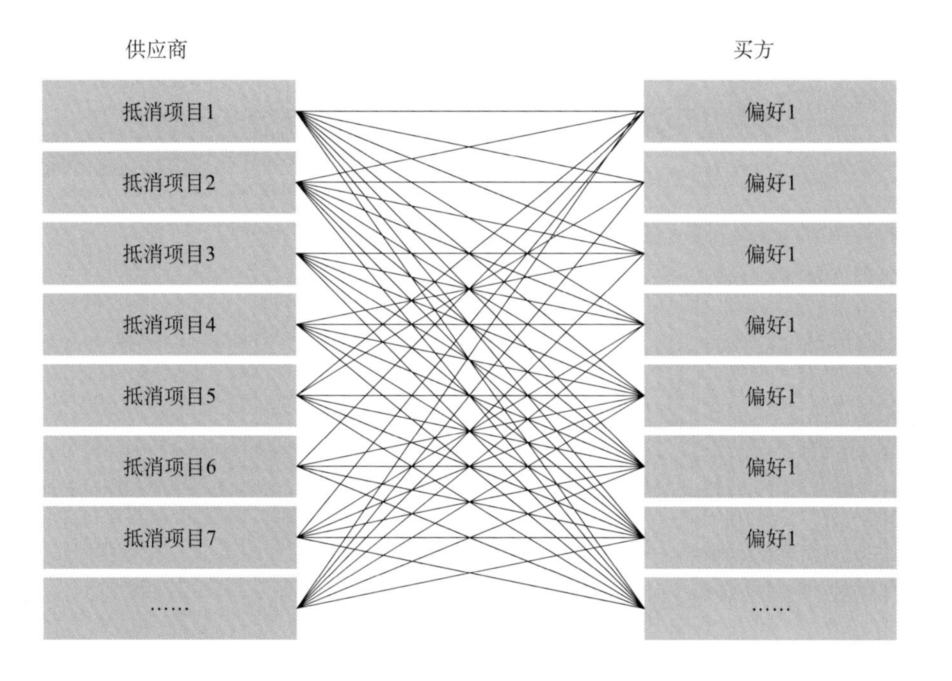

关键挑战

! 每个碳抵消项目都有不同的属性

! 每个买家都有不同的属性偏好

! 匹配每个买家与相应的供应商是一个高耗时的和低效率的过程

! 因此，没有一个具有日常、可靠价格信号的“流动性”参考产品

! 这反过来使得供应者融资规模化和（价格）风险管理十分困难

图 26　挑战简况

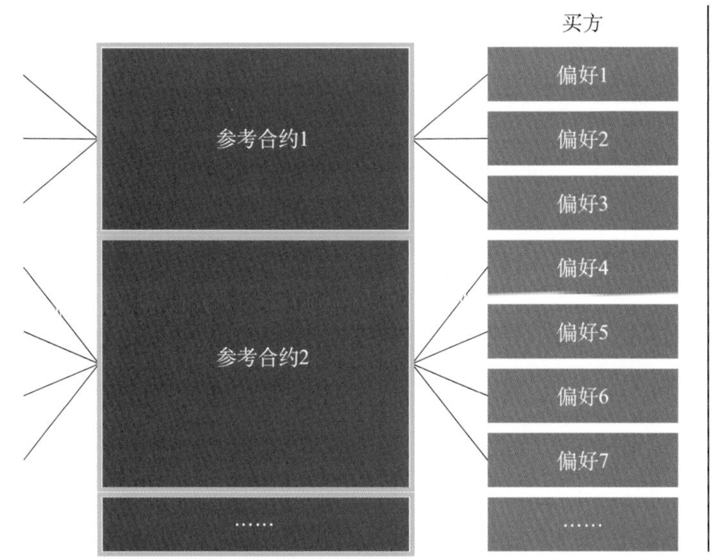

关键利益

- 显著有效地匹配买家和供应商
- 将流动性集中在一些具有清晰、透明的价格信号的参考合约上，有利于
  - 简化购买流程（特别是为缺乏经验的买家）
  - 为供应商开发融资服务
  - 为供应商、买家和金融家开发风险管理解决方案

图 27　解决方案概要

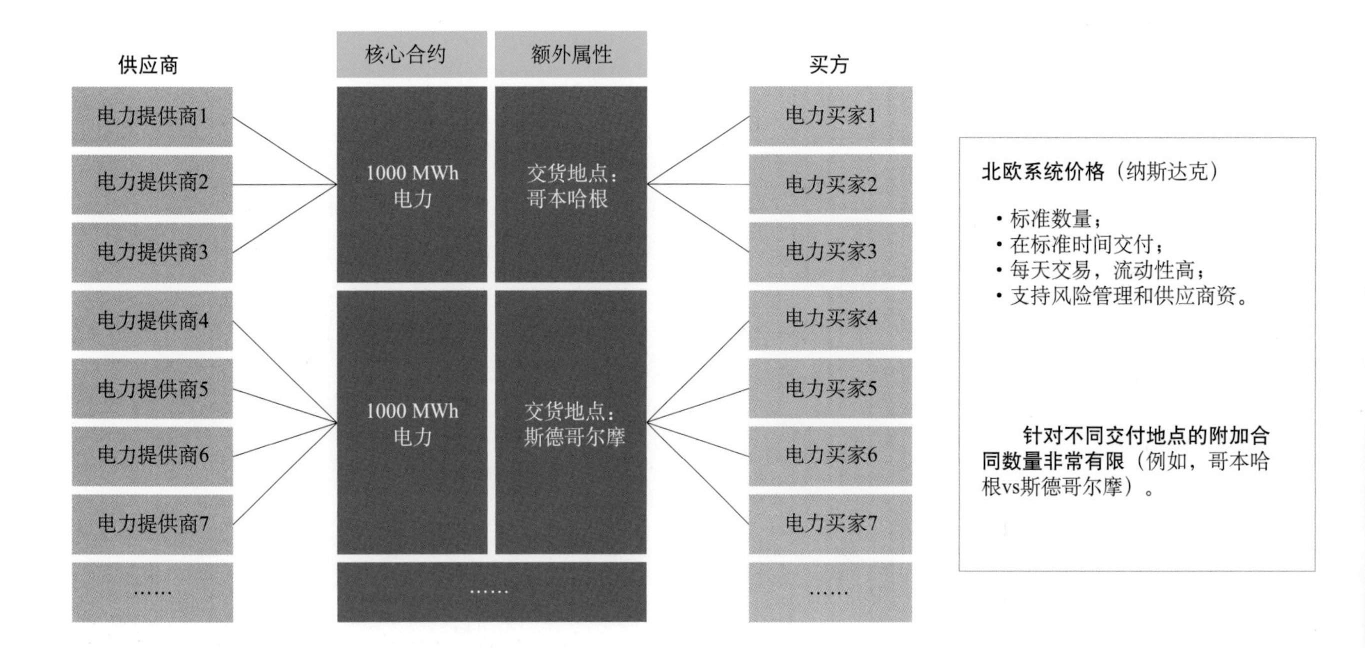

图 28　北欧电力市场中的参考合同

行动建议 4

引入核心碳现货和期货合约

工作组建议基于核心碳原则引入现货和期货参考合约，并进行实物交付。该合约将把满足核心碳原则、来自几个供应商的碳信用捆绑在一个合约中。买方将收到在核心碳合约中交易的任何合格的碳信用，并在交付时收到与该碳信用相应的证书。

使这类合约得以发展的可能方式之一是具备透明价格信号、在交易所交易的现货市场合约将促使远期交易曲线发展。随着该曲线的发展，它将使期货市场能够根据参考合约制定新合约。期货合约将服务于市场的远期需求。核心期货合约应该有适当的到期日（如，1 年），在清算所清算，并提供财务结算的选择权（没有实际交付证书）。期货合约应具有可互换性，即允许其在所有市场上而不仅是在一个平台上进行交易，这可能会提高市场流动性。期货市场将成为产业化融资的基础。银行和金融家将能够根据期货价格进行融资。融资也可以与承购协议相关联（允许银行根据与未来买家已经签订的合同为项目开发提供资金）。

除了基于核心碳原则的核心碳现货和期货合约外，买方对额外属性（如碳去除和减排信用之间的区别）的需求可以编入附加参考合约（见图 29 中将核心碳合约与选择的额外属性相结合

与交易所交易的参考合约

❶ 符合“核心碳原则”的核心参考合约

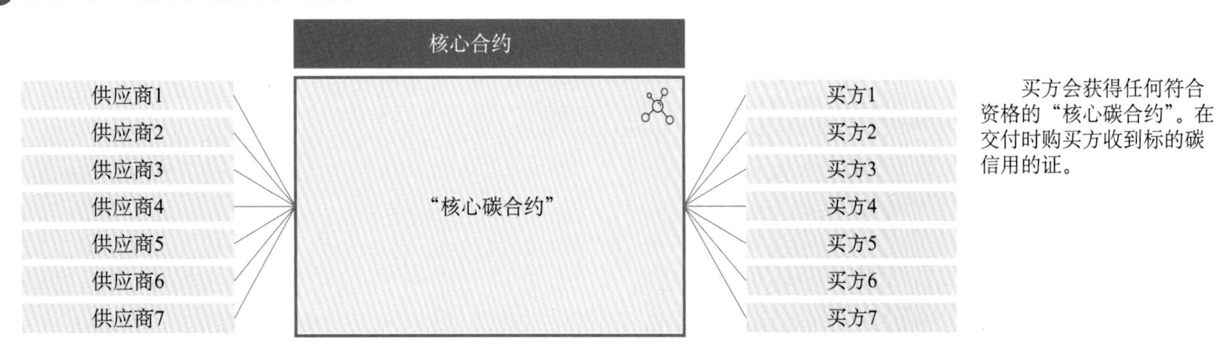

❷ 将“核心碳合约”与选择的额外属性相结合的参考合约[1]

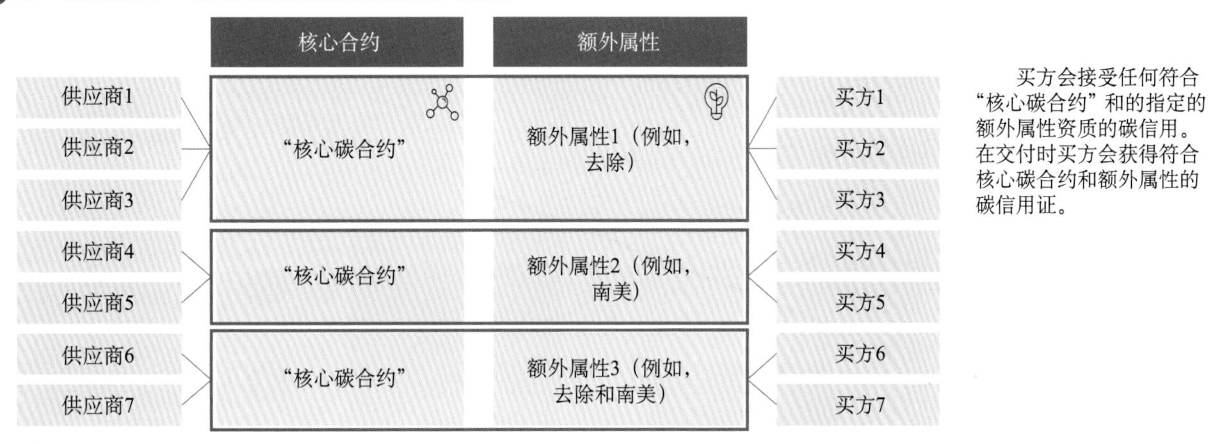

场外合约

❸ 利用参考合约作为定价基准的场外合约

注：（1）这里有两个次选项：核心碳合约和额外属性在同一合约中交易。(2)核心碳合约和额外属性在完全独立的两个合同中交易。

图 29　自愿碳市场的合约选择

的参考合约），此类附加参考合约既可作为核心合约的基础组成部分（区别于核心合约）进行定价和交易，也可作为独立合约定价和交易。工作组建议将这些合约作为核心合约的基础组成部分进行交易。买家将获得符合核心碳合约及其所需额外属性的碳信用。在交付时，买家将被提供与该特定额外属性相应的证书。重要的是，这些附加参考合约的种类应尽可能地少，以使流动性尽量集中在少数合约上。因此，附加的参考合约应代表最普遍的买方偏好。①

这些核心碳合约还应为买家提供更灵活的购买规模的选择，如将不同的标的项目合并，以达到交付所需的规模。

为使参考合约逐渐成为定价基准并实现相关益处，大部分买家必须将其购买行为从场外交易转向通过参考合约（现货和期货合约）交易。因此，我们建议大规模买家在未来几年内在其碳信用组合中转向使用参考合约（见图 30）。能参考核心碳合约的合约越多，流动性就会越大。

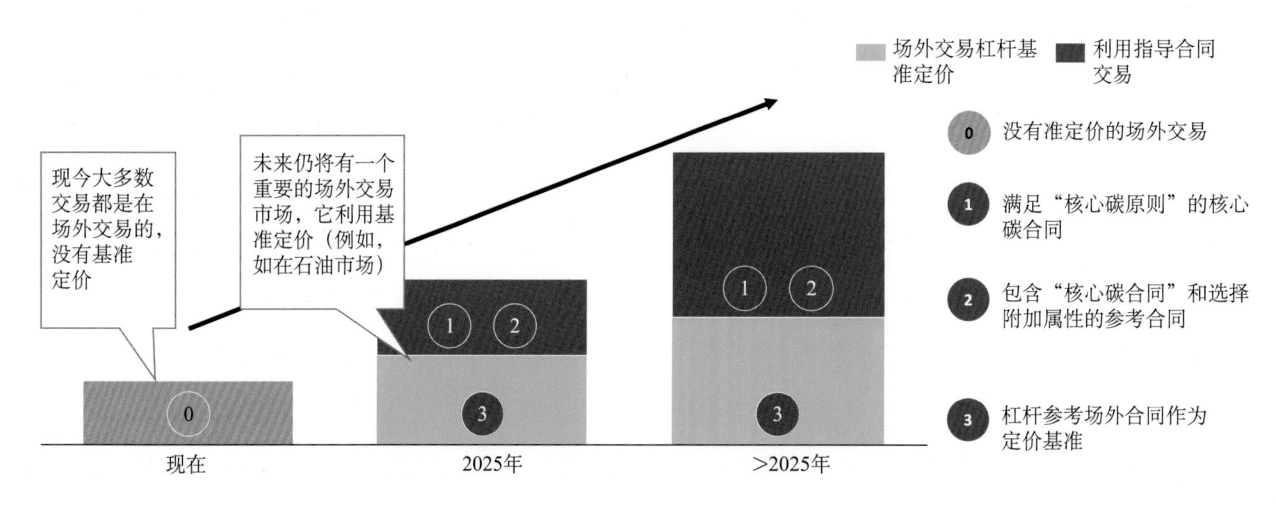

图 30　广泛采用是成功的关键

① 为了协同效益，我们鼓励认可和进一步发展现有项目（例如，针对海洋协同效益的蓝碳倡议、针对解决污染物协同效益的黄金标准的黑碳量化方法、Verra 的可持续发展核查影响标准（SDVista）和全球可持续发展目标黄金标准，以及 Verra 的气候、社区和生物多样性（CCB）对社区和生物多样性的好处）。

行动建议 5

建立活跃的二级市场

二级市场是供投资者买卖他们已有证券的地方。建立一个运作良好、流动性强、透明的二级市场是任何主流市场成功的核心。成功的二级市场将为整个价值链上从供应商到买家的各参与者提供诸多好处（包括打算退出的企业和投资者）。这在自愿碳信用市场中同样适用，并且需要成为扩大市场规模的核心部分。对于自愿碳市场，二级市场是买方和卖方[①]间首次交易后、在碳信用注销前进行交易的场所。欧盟碳排放交易体系是一个活跃、具有流动性的二级市场的成功范例。

二级市场，尤其是交易所，具有诸多优点，包括定价透明度提高、更好的碳披露和碳减排风险管理、能够根据机构碳信用重点的变化调整策略、降低碳定价的波动性、吸引投资者、通过缩小买卖价差提高交易效率等。上述优点对能参加二级市场交易的投资者、买家和卖家都至关重要。

一个运作良好的二级市场，尤其是拥有数据发布机制的公开市场，从报价（交易前）到交易（交易后）均可提供价格透明度。从本质上讲，二级市场将包括到碳信用最终注销、用于抵消前的多次交易。因此，来自一个运作良好的二级市场的价格信息比来自一级市场的价格信息要重要许多。这种透明度为市场参与者提供了可以作为决策依据的基本信息。

随着市场的发展，其参与者希望并需要对特定部门进行风险管理。就碳市场而言，这将包括管理减排项目及其完成时间与企业减排承诺之间的差异。二级市场允许参与者通过便捷地购买或出售碳信用来管理上述风险。此外，二级期货市场允许参与者通过对未来做出承诺管理上述风险，而不需要直接购买碳信用。

- 二级市场及其提供的流动性使企业能够更有效地改变其战略。这可能帮助企业在自愿碳市场中做出承诺，因为二级市场帮助他们了解，即使环境发生变化，他们也将有能力改变其战略和承诺。如果企业由于无法出售碳信用而无法改变其碳减排战略，他们就不太可能在一开始购入该碳信用，这将导致市场需求减少。

- 市场流动性越大，该市场中价格的波动性就越低（Amihud 等，2002）。因此，虽然有人认为投机行为的存在会给金融市场带来波动和价格变化，但经核查却并非如此。在具有各种参与者、流动性更强的市场中，价格波动性会降低，并为进出头寸提供更稳定的基础。这在二级碳信用市场中可能同样适用。

- 最后，由于强制碳市场（如欧盟排放交易体系）作为一个具有流动性的二级市场，具有更明确的定价和众所周知的允许参与者进入和退出头寸的能力，其会对投资者产生吸引力。将投资者引入市场有助于增加市场的流动性，从而进一

① 第一个卖家通常是开发商。

步支持现有参与者。此外，特别是在碳市场内，引入投资者创造碳信用（假设在本报告的其他方面已采取行动）将进一步助推项目数量增长，从而支持实现市场的碳减排目标。需求的增长，以及投资者将碳信用的价值视为一种会增值的资产，将可能（正如在强制碳市场中看到的那样）促进碳价格上涨。因此，这可能会产生预期的效果，即提高碳价格，进一步提升碳减排项目的价值。

总而言之，二级市场带来更高效的交易。流动透明的二级市场可使卖方出售价格和买方购买价格（买卖价差）之间的差异更小，这减少了市场最终参与者的交易摩擦和隐性交易成本。及时了解定价的买卖双方将能够更便捷、更频繁地进行交易，如果这些交易的成本下降，就会形成流动性的良性循环。

二级市场可能会带来额外的服务——其中之一是相关指数的发展。指数将跟踪多个基础碳信用的价格。相关指数将成为买家的易用工具，以对冲长期承诺的价格风险，且金融投资者能轻易获得这些指数的信息，这将有助于增加市场流动性。

理想情况下，任何指数在构成上也应随时间变化而变化，如最初主要由避免或减少碳排放的碳信用构成，但随时间的推移将转向去除碳排放的碳信用。

重要的是，要为那些传统上不涉足金融市场、在进入交易所或清算所的复杂过程中可能面临障碍的参与者开辟进入市场的渠道（如，没有资金参与）。可以通过现有的银行中介机构、经纪人或特定的碳开发银行来改善参与途径。增进买卖双方对这些途径的了解也很重要。

行动建议 6

提高场外交易（OTC）市场的透明度和标准化程度

在参考合约得到发展之后，场外交易（OTC）市场将继续存在，并将与其紧密相连。买家不希望在交易所交易的原因可能有多种，例如需要高度定制化的合约（如，在特定地点，项目可产生特定的协同效益），或进入交易所或清算所过于复杂。无论如何，场外交易市场将受益于参考合约的发展。在就场外合约进行协商时，双方可将流动性强的核心碳合约中的价格作为起点，仅就项目额外属性的定价进行谈判，而不论这些额外属性有多复杂（如，项目类型、位置、年份、对 SDG 的影响以及其他协同效益等不同）。

为促进场外交易市场的持续增长，需要标准化合约来促进谈判（这些合约将在行动建议 15：关于法律和会计的推动因素中展开说明）。场外交易市场声讯经济代理服务（voice-brokered OTC services）的进一步数字化也可以提高效率。提供交易后的风险降低服务（如压缩服务[①]）

① 压缩是指用较少的具有相同净风险的交易来替代多个碳抵消衍生品合约，以降低投资组合名义价值的过程。它可以在两个或多个对手方之间进行（分别为双边和多边压缩）。

以进一步提高场外交易市场的效率，也具有很高的价值。最后，场外交易市场将极大地受益于透明度的提高，实现这一目标的一种方法可能是引入价格报告机构，如：Platts、OPIS[①]、Argus或Heren。

5.3 基础设施：交易、交易后、融资和数据基础设施

为让市场发挥作用，必须建立一整套核心的基础设施。这些基础设施必须以一种有韧性、灵活且能够处理大规模交易量的方式协同工作。基础设施架构中必要的组成部分可在图31中找到。

以下概述了为发展目标基础设施而提出的关键行动建议。

行动建议7

建设或利用现有大容量交易基础设施

稳健的交易基础设施是核心碳参考合约（现货和期货）以及反映有限额外属性的合约上市和大批量交易的重要先决条件。交易所应提供访问市场数据的渠道，如通过APIs，并遵守适当的网络安全标准。场外交易基础设施应继续与交易所基础设施并行存在，并鼓励场外交易经纪人提高市场数据的透明度。

行动建议8

创建或利用现有的有韧性的交易后基础设施

清算所是建立期货市场和提供交易对手违约保护的必要条件。它应该提供获取相关数据（如，未平仓合约）的渠道，如通过APIs。元注册登记中心应该为买家和供应商提供托管式服务，并为现有注册登记中心中的项目创建标准化的发行编号（类似于资本市场ISINs的概念）（见图32）。作为标准提供者的元注册登记中心及其他注册登记中心应该应用合适的网络安全标准，以防止黑客攻击。通过多个步骤，可建立元注册登记中心。首先，可以开发通用信息模型，以便匹配各注册登记中心的信息。随后，可以在各注册登记中心间创建一个基于网络服务的交换器，并对所有用户开放信息可读权限。这将使项目和用户信息透明，并便于对用户进行尽职调查。最后，可以创建一个基于DLT的数据库来保存有关项目、审核、核查、签发、注销、受益人和注销目的的信息。基础设施应与支付和结算系统委员会—国际证监会组织（CPSS-IOSCO）

① Platts和OPIS已经发布了一些自愿碳市场的每日价格报告。

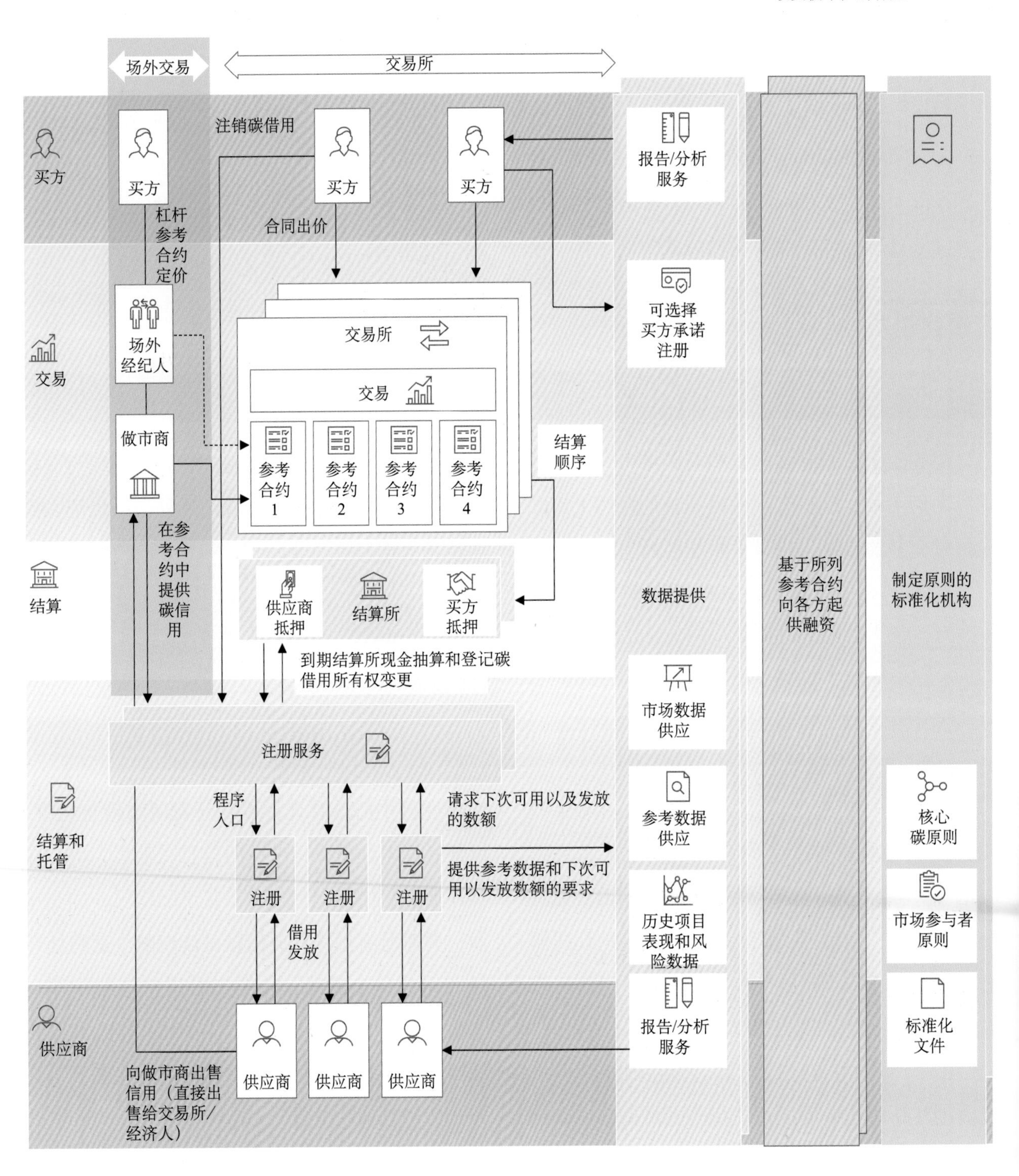

图 31　交易基础设施设计

资料来源：麦肯锡分析。

中有关金融市场基础设施的原则保持一致。如可能的话，元注册登记中心（meta-registry）[①] 应该连接到国家注册登记中心以及自愿独立的注册登记中心，以最大限度提高数据的互通性。[②]

图 32　元注册推荐的体系结构

资料来源：麦肯锡分析，IHSMarkit。

行动建议 9

建设先进的数据基础设施

完善、及时的数据对于所有环境和资本市场都是必不可少的。尤其是，数据提供商应提供透明的参考和市场数据，但鉴于访问已注册登记的数据受限及场外交易市场透明度有限，当前不易获得这些数据。工作组鼓励发布有关注销碳信用的声明，其中应公开被注销的碳信用项目的名称。数据提供者还应收集并提供历史项目或项目开发商的绩效和风险数据，以促进结构性融资和制定场外交易合约。此外，需要为买家和供应商开发新的报告和分析服务（在各注册登记所中均可使用）。在此方面，元注册登记所可以通过收集和梳理所有可公开访问的参考数据为新的报告和分析服务提供支撑。推动落实上述行动的一个关键因素在于，所有注册登记所都通过开放的

① 元注册登记中心（meta-registry）应作为一个数据交换平台，无缝连接世界各地不同的碳市场和注册系统，实现碳市场数据的交换，减少碳信用额度的重复计算风险。——译者注

② 参见世界银行数据库仓库的概念。

APIs 提供参考数据，包括使用碳抵消产品标记语言（OpML），确保数据参数一致。此外，中介机构（如交易所和结算所）应在其现有数据流中增加交易信息。

行动建议 10

促进结构化融资

银行和其他供应链融资方应为项目开发商提供贷款便利（包括项目开发商开发项目所需的资本支出和营运资本），并以产生需经核查的碳信用的权利为抵押。从中长期来看，具有流动性的碳信用现货和期货合约市场将为结构性融资产品提供良好基础，因为它将提供清晰的定价并促进风险转移，提高项目的整体融资能力。特别是，按照标准的结构性融资方法，融资应基于来自承购协议的预期现金流。这是填补当前投资或资本需求与未来预期现金流之间差距的重要方式。然而，由于期货合约不会在短期内交割，需要额外的结构性融资方案来为开发商提供一整套解决方案，例如在中短期内为自然气候解决方案融资。这对于因缺乏信用记录或项目开发经验而无法获得银行贷款的项目开发商尤其重要。无论是在项目中期，还是在开发出一整套完整的结构性融资产品之后，市场都应专注于提高项目的可融资性，包括就核查寻求融资的项目是否符合核心碳原则，设计相应的融资支持方法。工作组建议采取以下步骤来促进融资：

- 提高与风险相关数据的透明度，包括项目或供应商的历史表现。[①]
- 为供应商和融资方搭建过渡期匹配平台（见“行动建议 3”）。
- 在整个系统中配备和培训金融专业人员，以快速评估项目执行风险。
- 为向碳抵消项目提供资金的银行提供认可服务（如，发展“绿色金融家”标签或扩展现有标签）。
- 鼓励现有开发银行和绿色投资银行承诺对供应商，尤其是小型供应商增加贷款便利。
- 在反洗钱 / 了解客户（AML/KYC）方面保坚持透明度和高标准。

工作组的长期目标是创建一个可以为减排提供单独资金的市场。使用公共资金应仅作为解决方案中的桥梁。此外，工作组建议银行在提供融资、要求认可之前进行核查，确保项目符合或未来将符合核心碳原则。

5.4 关于碳抵消合法性的共识

当前，对于碳抵消在支持实现 1.5℃目标路径中的作用可能存在误解。发展自愿碳市场中面临的一个关键问题是缺乏对碳抵消在支持实现净零目标方面的作用以及碳抵消作为企业实践的

① 可通过市场上的数据供应商实现。

合理性的共识，尤其是相较于其他脱碳活动而言（如，减少企业自身排放）。由于存在以往争议、市场失灵以及碳抵消被滥用的可能性，人们对碳信用的稳健性有合理顾虑。其中，顾虑之一与碳信用本身的结构有关，包括某些类型项目的额外性。其他的顾虑与使用碳抵消有关，以及碳抵消是否会在无意中抑制企业内部的减排行动。

为改变公众看法，工作组致力于设定相关原则，以确保可靠地进行碳抵消，并就企业对进行碳抵消的声明作出阐释。

行动建议 11

建立碳抵消使用原则

如果与企业减少自身排放的努力相结合，碳抵消可以提振气候雄心。为此，制定明确的碳抵消使用原则至关重要。

工作组就企业在实现净零目标中有关的声明和进行碳抵消提出以下原则

1. 减少：企业应公开披露与《巴黎协定》1.5℃温升控制目标一致的减排承诺、计划，以及自身运作中和价值链上的减排行动年度进展，其中披露的数据应为最佳可用数据，并优先全面实施这些承诺和计划[①]，还包括公开（或接受外部审计）企业作出的有关减排声明的依据。

2. 报告：企业应使用公认的第三方企业温室气体核算和报告标准，每年测量和报告“范围1”“范围2”和“范围3”（如可能）的温室气体排放情况[②]。

3. 抵消：如果在转型之路上企业仍有难以减少的排放，则强烈鼓励企业每年通过购买和注销在可靠的第三方标准下产生的碳信用，补偿部分难以减少的排放，从而最终实现净零排放[③]。

这些原则旨在指导行动并鼓励“最佳实践”。例如，“范围3”的覆盖范围因行业而异，其会计方法也将继续发展。企业应随着时间的推移扩大“范围3”的覆盖范围，并遵循该行业的最佳可用指南（参见专栏中“碳抵消背景下，对‘范围3’内温室气体排放的核算”）。

① 进一步细化为，包括关于谁可以确定“现有最佳气候科学”的指导，以及关于企业适应变化的宽限期的指导。

② “范围1”涵盖来自自有或控制来源的直接排放。“范围2”包括报告企业外购的电力、蒸汽、热力和冷气产生的间接排放。“范围3”包括企业价值链中发生的所有其他间接排放。

③ 只要碳抵消是可信净零过渡计划的一部分，企业可不必承诺抵消所有排放；这些可以是避免/减少或去除/封存碳抵消，只要抵销是向净零排放的可信过渡计划的一部分，公司就不必承诺碳抵消所有排放；这些可以是避免/减少或消除/封存抵销。

专栏　关于碳会计与财务会计的说明

当在自愿碳市场的语境下讨论会计时，它一般指的是碳会计或财务会计。碳会计可以发生在不同层次和不同实体中。国家可以在该国温室气体清单中核算其碳排放量。企业可以根据温室气体核算体系中规定的“范围 1”“范围 2”“范围 3”的核算系统进行核算。个人则可以计算他们的碳足迹。此外，财务会计描述了碳信用如何体现在企业财务报表中。目前，自愿购买的碳信用通常被视为支出，而不是资产。后文的“行动建议 15”中讨论了有关财务会计的更多信息。

会计与报告和披露密切相关，许多投资者和公众对诸多披露事项可能感兴趣。气候相关财务信息披露工作组（TCFD）为企业披露与气候相关的财务风险提供了最佳实践指导。在 ESG 维度上，可持续发展会计标准委员会（SASB）和许多其他标准提供了关于指标或类别的指导，这些指导有助于理解企业在环境、社会和治理各维度上的表现。最后，披露企业的气候目标及其落实行动是自愿碳市场的核心披露内容。针对企业计划如何在其减排路径上最终实现净零目标，虽然有一些指导方针（如，基于科学的目标倡议（SBTi）），但没有统一的披露要求（参阅“行动建议 12”，其中讨论了拟对此内容提供进一步指导的倡议）。目前，对于企业为实现减排相关目标而购买的碳抵消额，无需披露有关具体内容。

1. 碳抵消背景下，对“范围 3”内温室气体排放的核算

工作组建议每年对“范围 1”“范围 2”和“范围 3”（如可能）的温室气体排放量进行测量和报告。“范围 1”涵盖报告主体自身或受其控制来源的直接排放。“范围 2”涵盖报告主体消耗的外购电力、蒸汽、供暖和供冷产生的间接排放。“范围 3”包括企业价值链中发生的所有其他间接排放。针对“范围 3”的核算指引在温室气体核算体系中已详细说明，且适用所有企业。工作组认为，企业应最大限度地完成对“范围 3”内温室气体排放的核算。

2. 工作组内有关讨论揭示的几个关键点

首先，针对“范围 3”的核算是企业衡量其脱碳进度的有力方法。例如，一家消费品企业的产品被使用时会产生大量“范围 3”内的排放，对此进行核算可让企业做出更多符合《巴黎协定》目标的决策，包括确定是否存在需要抵消的剩余排放。同样，对于金融服务业，针对“范围 3”的核算将使资金从碳密集型资产流向低碳资产，从而激励金融机构为碳抵消项目提供结构性融资产品。

其次，有关“范围 3”的核算指南正在逐步完善。现有温室气体核算体系广泛覆盖了各个行业的“范围 3”核算，对于难以核算“范围 3”内排放的行业，相关核算指南也在陆续出台。其中一个例子是碳会计财务伙伴关系（PCAF），它为金融机构如何评估、披露贷款和投资项目

的温室气体排放提供了一些指导。尽管相关工作取得了一些进展，但工作组认同针对“范围 3”的核算存在“较为复杂、可用数据有限、增加了会计负担”等问题。尽管如此，对于企业发布与净零目标一致的声明以及进行用碳抵消，工作组仍鼓励企业遵守相关原则，并在此过程中尽最大努力开展针对“范围 3”的核算。

企业也可在产品中提供碳抵消，或在销售点（POS）销售。碳抵消产品可以包括一系列产品（如，对于商业航班，从每次购买机票所用的信用卡中支付碳抵消费用）。创新和市场演变使预测每个碳抵消的使用情境变得不可能也不可取，但设定在产品中或在销售点使用碳信用来进行抵消的原则可以帮助指导负责任的行动。

工作组提出了以下关于在产品或销售点使用碳信用来进行抵消的原则：

企业发布与净零目标一致的声明以及使用碳抵消，应遵守相关原则。在产品中或在销售点使用碳抵消应同样不挫伤企业自身减排的积极性。

“范围 3”的排放涵盖报告企业销售产品和服务带来的排放。企业应在其就“范围 3”的报告中以及在消费品标签上向消费者明确说明他们如何核算产品和销售点中的碳抵消。①

企业应确保对客户在最低定价和产品方面保持透明度。这种透明度的要素可能包括：

a. 企业应公开其从碳抵消产品中获得的利润（如有），如果该产品定价与市场价格有偏差，消费者应可以选择通过不同渠道进行碳抵消。②

b. 告知消费者他们购买的碳信用或碳抵消产品除减排外是否有任何额外效益（如协同效益）。

c. 允许终端消费者访问有关数据，以核查其购买的碳信用已注销（如，汽油客户的应用程序会跟踪客户何时购买了碳抵消汽油并提供与购买相关的碳信用证明标识），或者可让消费者寻求第三方核查和审计销售点的产品，以证明有关资金确用于碳信用现货或期货合约交易，且合约已交割。

① 例如，如果一个客户通过信用卡来抵消每次购买，银行和商家都可以要求对抵消的部分进行抵扣。这种隐含在“范围 3”工作方式中（对这个会计框架修改前）的重复计算，应该向消费者明确。

② 这种情况类似于 Cool Effects 众筹平台的创始人理查德 • 劳伦斯和迪 • 劳伦斯提出的卖方承诺。

行动建议 12

统一关于企业碳抵消声明的指南

越来越多的企业承诺使商业模式与脱碳目标保持一致，包括设定脱碳时限（如，在特定日期之前实现内部运营和供应链净零排放的目标）。企业有多种气候行动承诺，包括按照基于科学的目标倡议（SBTi）提出的基于科学的目标，以及净零、碳中和及负碳目标（见图 33）。包括 SBTi 在内的多个利益相关方联盟（和倡议）正在制定此类承诺和声明的框架，SBTi 也在制定关于如何设定和监督净零及积极的气候声明的标准（见图 34）[①]。例如，虽然碳抵消额不被计入基于科学的（减排）目标，但 SBTi 确实认可碳抵消对实现净零目标的作用。类似地，在 20 多个国家参与下，ISO 也就制定新的国际碳中和标准（ISO 14068）[②] 取得重大进展。工作组强调，SBTi 报告中的“战略 5”可作为设定有雄心的净零目标的一个范例，其中在排放最小化和减排选项用尽后，碳抵消可以发挥重要的补充作用。此外，该战略还强调了每年开展气候变化减缓行动而不是将行动延迟到目标年的重要性。

在不同类型的企业气候目标声明中就如何合理使用碳抵消达成一致，有助于帮助购买者降低设定气候目标和购买碳信用过程中存在的风险。在此方面达成一致同样适用于正在进行的倡议以及制定额外指南。以下是在不同主题下发起的一些倡议举例（详见附录）。SBTi、ISO[③]、Client Earth[④] 等组织正在寻求定义碳抵消在落实企业净零目标声明中的作用。“气候行动 100+”、联合国负责任投资原则组织和净零资产所有者联盟（NZAOA）对从投资者到企业气候行动的指导也可帮助明确碳抵消在落实企业净零目标声明中的作用。对于企业而言，诸如《联合国气候变化框架公约》（UNFCCC）领导的“奔向零碳”活动和世界可持续发展工商理事会（WBCSD）等都设定了最低参与标准[⑤]。工作组注意到，在最近出版的《与净零一致的碳抵消牛津原则》中，相关原则比工作组在“行动建议 11”中提出的内容更进一步。“行动建议 11”呼吁，随着时间推移，碳抵消项目向具有长期储存能力的碳去除项目倾斜。工作组强烈希望关键利益相关方提出的指导和原则能够保持一致。

---

① SBTi 和 CDP：企业部门基于科学的净零目标设定基金会，2020 年 9 月，science-basedtargets.org。

② 参阅 ISO 网站了解 ISO 14068 信息和其他倡议：https://www.iso.org/standard/43279.html。

③ ISO 技术委员会 207 小组委员会，温室气体管理和相关活动，第 15 工作组，目前正在制定一个新的标准，目前的标题是碳中和。本报告将讨论各组织提出的碳抵消使用问题。现有的 ISO 标准下的 TC207，SC3—环境标签也具有相关性。

④ 净零声明的客户地球原则：https://www.clientearth.org/press/clientearth-publishes-keyprinciples-for-paris-aligned-strategies/。

⑤ 世界可持续发展工商理事会（https://www.wbcsd.org/Overview/News-Insights/General/News/New-membership-criteria）。

非互斥的

		描述	碳抵消处理	碳抵消使用	报告协议/标准制定者
增加对碳抵消的使用	**基于科技的目标（SBT）**	目标与将全球温度升高限制在低于工业化前水平以上1.5℃—2℃所需的脱碳水平相一致	碳抵消的计算不属于SBT，但SBTi认可碳抵消对净零声明的作用	无	SCIENCE BASED TARGETS DRIVING AMBITIOUS CORPORATE CLIMATE ACTION
	净零	目标是价值链规模随时间推移缩小，并消除任何剩余排放的影响（与SBT不互相排斥）	碳抵消用于净零的剩余排放或补偿过渡过程中的排放	待定（SBTi在净零声明方面的指导[1]）	目前没有，SBTi在咨询过程中设置一个净零协议，包括关于在净零声明中使用碳抵消的指南
	碳中性	目标是，公司超额实现净零排放，并通过消除额外排放来创造环境效益	碳抵消被用于平衡无法消除的排放	所有类型	Climate Neutral Company; CLIMATE NEUTRAL; CERTIFIED CARBON NEUTRAL company; Carbon Neutral PAS 2060
	负碳	目标是，该公司超越实现净零排放，通过消除额外排放来创造环境效益	碳抵消被要求实现这个目标	待定（一些企业采用抵销的方式[2]）	目前没有
	无碳排放	目标是使用100%清洁能源或者资源以直接驱动企业生产（可作为此前任何一个声明的主要目标）	不适用——碳抵消不在此处应用，首要用于当前能源	不适用	目前没有

1.根据SBTi咨询过程的变化；根据初步报告，所有在向净零过渡期间高质量的碳抵消类型和只针对净零目标的剩余排放均被认可。
2.例如，微软。

图 33　企业气候目标声明之间的差异

资料来源：麦肯锡分析，SBTi，新闻搜索。

如前所述，可能还需要制定额外的指南。具体而言，工作组指出需要规划更多行业，尤其是难以减排部门的脱碳途径。缺乏对企业落实净零目标声明的标准可能会阻碍难以减排的行业在采取减排行动的同时进行碳抵消。工作组还建议，在国家或国际有关绿色金融的指南［如，作为欧盟可持续发展融资行动计划（*Action Plan on Financing Sustainable Growth*）一部分的《欧盟可持续金融分类方案》（*EU Taxonomy*）］中统一对企业在落实其净零目标声明中使用碳抵消的指

D：SBTi概述了5种企业战略，其中最具雄心的鼓励是短期内的避免/减排碳抵消和长期下的碳抵消去除

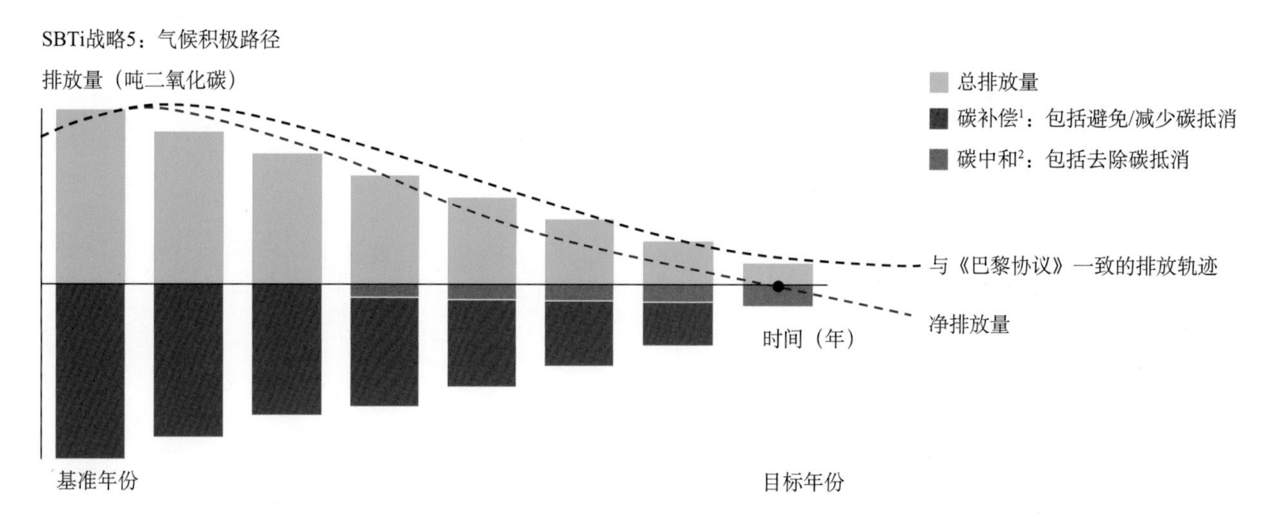

1. 碳补偿：尽管达到排放和去除的平衡是净零途径的最终目标，企业也应该考虑补偿在向净零过渡期间的不衰减排放，以作为向全球净零过渡的贡献。
2. 碳中和：完成净零排放目标需要使用一个等量的碳去除来中和一个企业的剩余温室气体排放。一个有效的碳中和策略包括将大气中的碳去除并将其贮存足够长时间的来完全中和不断向大气中外释放的温室气体。

图 34　SBTi 在净零中碳抵消的作用（策略）

资料来源：科技基础基金会净零目标对企业部分的设定，V1.0，2020 年 9 月。

导①。鉴于企业有不同的气候目标和碳抵消策略，当务之急是为企业制定标准化的碳抵消报告框架（如，项目类型、年份、标准、支付价格等），此类报告框架最好能与更广泛的框架如《欧盟可持续金融分类方案》保持一致。

因此，工作组建议对碳抵消在落实企业净零目标声明中的作用采用相同的表述口径，以平衡碳抵消需求与减少企业自身排放紧迫性之间的关系，这对于碳抵消的合理性至关重要。

自愿碳市场中诸多利益相关者可进一步加强碳抵消的合理性。

除有关如何使用碳抵消的倡议外，还有关于世界资源研究所牵头开展的碳核算方面的工作。在供应方面，一些机构定义了最低质量标准（如 ICROA、CORSIA/ICAO、WWF/EDF/Oeko-Institut）和如何对待自然气候解决方案（如 ART②、NCS 联盟）。联合国负责人投资原则组织、温室气体核算体系③和NCS联盟也正在努力明确关于负排放技术和土地使用的指导意见。这些都对达成关于碳抵消合理性的共识有影响。

① 工作组还收到建议，将碳抵消作为财政和货币“绿色”刺激计划的一部分。我们只是注意到这一建议，但避免参与监管 / 政策讨论。

② ART 也是政府管辖的“REDD+”项目标准。

③ 我们注意到《温室气体议定书》将于 2022 年发布关于碳去除、土地和生物能源的最新指南，这可能会对企业如何在其“范围 3”排放中计入土地使用影响产生额外影响。发布的指南还可能对其他碳去除项目融资方式产生影响，并阐明企业如何在其温室气体清单中核算嵌入物的问题。

最后，企业进行碳抵消与企业减少毁林目标间存在概念相关性。工作组鼓励主要利益相关者团体找到将两者结合在一起的方法，其逻辑类似于“先减量”：企业应先减少毁林活动，再进行碳抵消。

总而言之，工作组不评价各倡议的有效性，但注意到自愿碳市场的增长依赖于它们提供明确及时的指导。工作组建议这些倡议下的工作尽快实现统一指导，因为这对于成功建立和扩大自愿碳市场规模至关重要。

5.5 确保市场完整性

市场诚信问题会在多个方面影响自愿碳市场的发展：

• 供应的参差不齐提高了造成误差和欺诈的可能性。可行的行动建议包括改进核查程序、建立元注册登记中心（将使用 GPS 坐标或分布式分类账技术（DLT）来核查碳信用是否被出售或重复计算）。无论根据什么标准建立一个可识别或标识每个碳信用的系统，都将进一步提高透明度，并适于使用 DLT 解决方案。

• 由于缺乏价格透明度，存在洗钱的可能性，并导致各市场参与者独立审查交易对手时工作重复。如果由一个组织统一就此进行审查将有诸多好处，就像银行在其他金融市场进行反洗钱和“了解客户”检查一样。如果缺乏价格透明度，发生欺诈的可能性同样很大，因为自愿碳市场曾多次曝出丑闻，如碳信用在注册登记所外被作为投资品出售给不了解市场的个人。

整个价值链的市场诚信问题如图 35 所示。

除了在“行动建议 8”中讨论的具有欺诈保护功能的元注册登记所之外，工作组还提出 3 项行动建议。工作组建议建立一个协议化的元注册登记所，为政府、非政府组织和市场参与者提供清晰、有效的核算和并做到无缝连接。

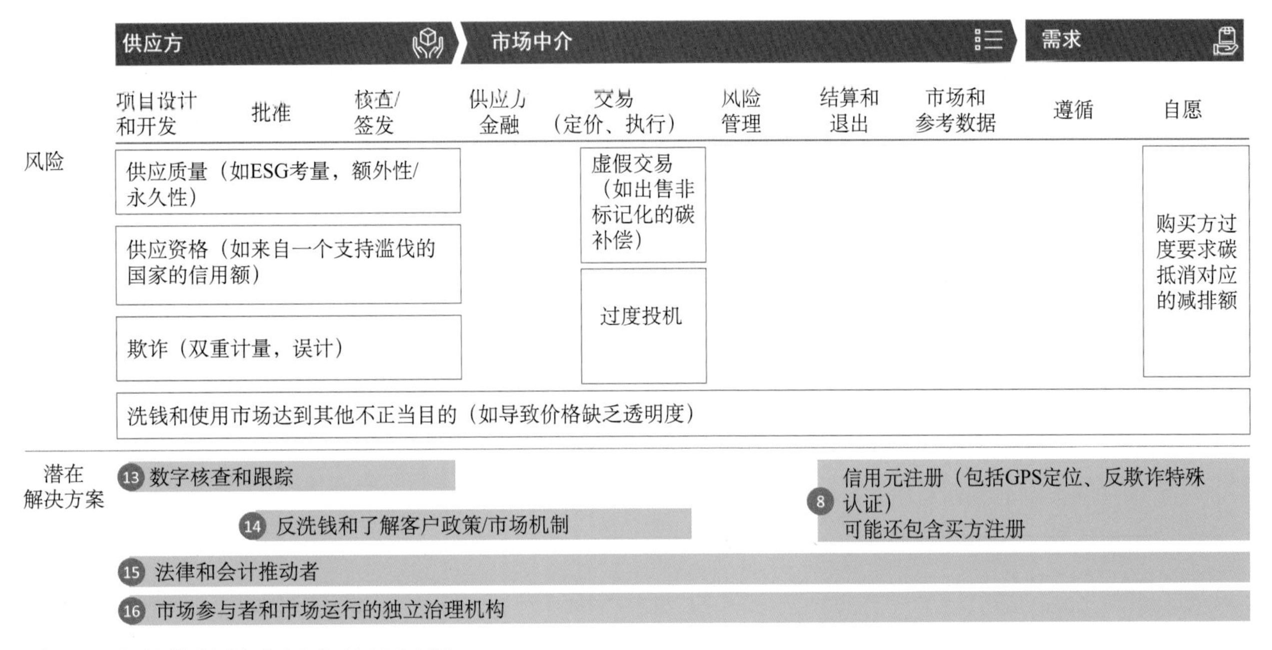

图 35　全价值链的市场完整性问题

行动建议 13

建立高效、快速的核证方法

为加快核查过程并提高供应诚信，工作组鼓励在适当情况下进一步完善数字化项目周期。这需要制定跨标准和注册登记所的共享数据协议，以获得必要的项目数据，并在处理和传输数据的过程中保护其完整性。其中，共同定义基本要求，以确保这些数据可跨标准互用非常重要。这将使核查机构能够更频繁地监测和核查碳信用的完整性，而不是在一个很长的报告周期结束时才开展此项工作[①]。

开展这一工作的目的是将目前的核查周期从 15 个月减少到大约 6 周。新的数字化项目周期应推动降低项目开发商成本以及更频繁地签发碳信用。从长远来看，它可能成为整个价值链中端到端的数字追踪的基础，实现数据可追溯，从而提高企业有关气候目标声明的可信度。

这项行动建议受制于技术成熟度和准备情况。由于该领域的技术正在迅速发展，工作组并未提出具体的解决方案，而是鼓励快速创新、持续测试和发展。例如，数据协议可以探索使用卫星成像、数字传感器、人工智能、开放数据市场和 DLT[②]，以进一步提高速度、准确性和完整性[③]。附录包含在评估MRV解决方案中的一系列关键问题。虽然这些领域已经取得了重大进展，并且有一些有前途的初创企业，但还需要进一步研究开发开源的（open-source）、可访问、基于科学的 MRV 工具和系统。

此外，检验和核查机构仍将需要以一定频率开展关键的现场评估。对于如何跨不同的项目类型设计数据协议，也总是存在一些限制。MRV 包括一个保证提供者的全球性社区，这些提供者很多既参与强制碳市场，也参与自愿碳市场。理想情况下，在各市场中签发的碳信用所适用的任何新的核查过程都应保持一致。[④] 类似的技术也可能在基于属性的市场中发挥重要作用，以实现对这些市场中产品的安全有效的核查和端到端追踪。

利用更广泛的组织和论坛网络，对使气候和可持续性行动采用数字解决方案（如，气候链联盟、InterWork 联盟）也可能有所帮助。这些团体可能会解决更广泛的治理和社会等相关问题，

① 这里假设如果能够部署监测技术，可能就不再需要定期进行实地访问，且加速核查可以降低总核查费用。然而，这并不适用于所有项目类型。在某些情况下，如果实时监控增加了项目总成本和核查负担，那么可能会适得其反。这不是本建议行动的目标。

② 数字账簿技术解决方案可以是集中的、混合的，也可是完全分散的。

③ 有关现有数字技术的良好调查，请参阅“促进 2020 年后气候市场的区块链和新兴数字技术”，世界银行集团，2018 年，openknowledge.worldbank.org。

④ 见欧洲复兴开发银行即将出版的《数字 MRV 协议》，为 MRV 进程的进一步数字化提供信息。ISO 也有一系列的基础合格评定标准。更多细节见附录。

这些问题与使用适用于碳市场 MRV 体系的某些类型的数字技术有关。图 36 展示了加速项目周期范例。现有的多个倡议已在落实其中的许多建议，工作组也鼓励在必要时开发可互用的系统。

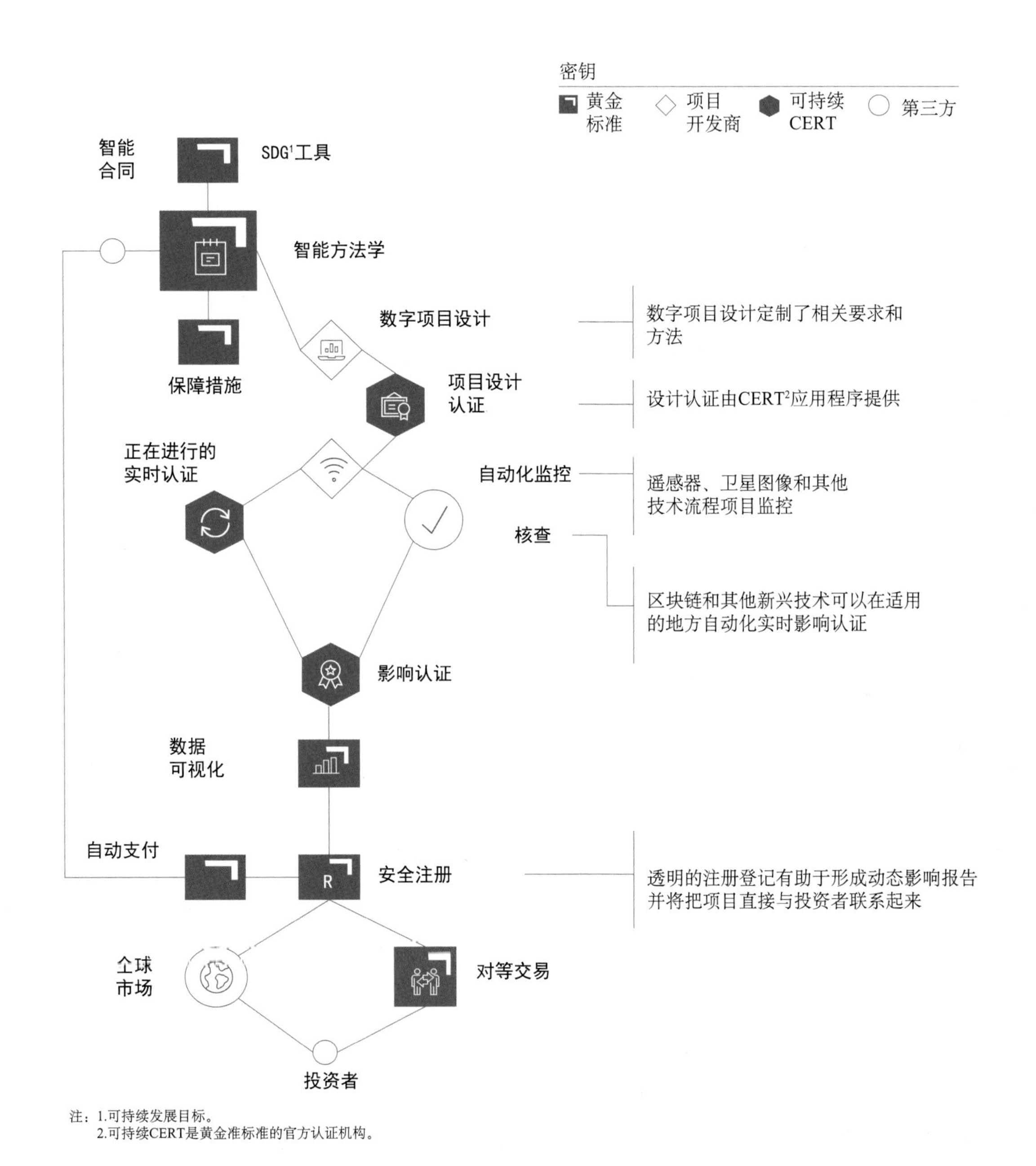

图 36　黄金标准的数字化项目周期示例

资料来源：黄金标准。

行动建议 14

制定反洗钱（AML）和了解客户（KYC）指南

应将实施反洗钱和了解客户准则和监管市场中使用的流程推广到自愿碳市场，以打击可能利用成熟市场的欺诈者。在工作组工作范围外，应开展有关审查，评估需要为自愿碳市场制定和实施哪些具体的反洗钱和了解客户指南。上述内容应包括将反洗钱和了解客户应用于特定市场参与者群体（如，供应商、买家和中介）的标准，以及市场参与者负责开展反洗钱和了解客户检查的准则。治理机构需要制定这些准则，并使它们与国际层面的其他现有监管制度（如，金融行动特别工作组，FATF）保持协调。目前，由 IAF 批准的检验和核查协议并没有专门涉及反洗钱和了解客户问题。

行动建议 15

建立法律和会计框架

建立法律和会计框架有助维护自愿碳市场的合法性和有效性。工作组注意到为解决自愿碳市场中完善相关法律和会计的需求，一系列工作正在开展，但这些努力刚刚起步，可以从加强协调和支持中受益。这些需求包括标准化合约、财务会计和碳核算。

为了建立健全交易所和场外交易，必须制定一级和二级市场的标准化文件。交易需要适当的法律基础，因此有必要进一步澄清碳权。与证券化合约类似的合约对于捆绑出售碳信用也是一个必要的有效工具。考虑到一级和二级市场碳信用交易涉及的潜在复杂性，首先应明确合约条款包括厘清如何处理持久性、逆转风险、追索权、清算和非清算合约所需的保证金和准备金要求等问题。工作组建议进一步开展相关工作。任何文件都应以适当的法律意见为基础。

其次是需要发展财务会计。虽然 IFRS 和其他会计机构已将 EU ETS 和其他限额与交易计划下的合规碳信用定义为无形资产，但我们的理解是，在自愿碳市场购买的碳信用目前主要被视为费用或现金流出。这对碳信用的税收处理以及在破产程序中如何评估碳信用具有潜在影响。工作组建议与其他会计机构一起进一步参与 IFRS 咨询过程，讨论是否可以将碳信用视为资产，且需要进一步细化和评估这一变化的影响。针对上述议题，可以应用从 EU ETS 和其他市场中吸取的经验教训。

在碳核算方面，就使用碳抵消的情况进行报告和披露是形成需求信号和证明市场合理性的重要因素。关于“行动建议 12”，需要就除碳类碳抵消是否计入企业碳足迹（“范围 1”—“范围 3”）[1] 提供指导。更重要的是，目前还没有普遍认可的企业碳抵消报告框架（包括过去的活动和未来计划）。该框架应包含诸多必要细节，例如按项目类型、年份、标准、可能支付的价格等报告购买和注销的碳信用数量。它还应指导企业分别报告直接排放量和碳抵消购买额，而不是二者相减的净值。建立一个高度合理、被广泛采用的框架将是前进的重要一步。这一框架也将是买方注册登记所等系统的重要支柱。工作组还建议企业遵循 TCFD 对于气候风险的一般性披露指南。

行动建议 16

为市场参与者和市场运作建立治理体系

为确保自愿碳市场具有成功所需的高水平环境和市场完整性，可能需要一个独立机构来提供指导并履行关键职能。该机构可以是制定和修订核心碳原则的同一机构，也可以是其他机构。

该机构需要做出关键决策并履行必要的职能，以确保市场在三个维度上的完整性。第一个维度是参与者资格。这可能包括制定买方、供应商和中介机构参与自愿碳市场必须遵守的原则；根据“行动建议 11”中的相关建议，制订、管理和修订碳抵消的使用原则，并按照“行动建议 14”中的相关建议制订和更新了解客户指南。

如果碳抵消行为正在（或被认为）阻碍其他气候行动（如，企业尽可能减少自己的排放量），治理机构可考虑制订规则来减轻这种情况。关于合理进行碳抵消的相关指南可包括要求企业买家在购买碳信用之前在元注册登记所中登记其气候目标声明以证明该声明的有效性[2]，还可包括对供应商的透明度提出最低要求等。

第二个维度是监督参与者。特别是，为以最大限度地减少 MRV 过程中的利益冲突，并为检验和核查机构（VVB）的行为提供认证、审计和抽查依据，工作组建议制订相应原则。[3] 例如，对于针对单个项目及其碳信用进行检验和核查的机构，应尽量减少其与供应商之间的潜在利益冲突。为减少利益冲突，可在首次核查（通常与检验结合）后要求轮换检验和核查机构。这将提供充分保障，确保新登记的项目在碳信用签发早期由两个不同的机构开展审

① 企业应使用公认的第三方企业温室气体核算和报告标准，每年测量和报告“范围 1”“范围 2”和“范围 3”（如可能）的温室气体排放。“范围 1”涵盖自有或控制来源的直接排放。“范围 2”包括报告企业外购的电力、蒸汽、热力和冷气产生的间接排放。“范围 3”包括企业价值链中发生的所有其他间接排放。——译者注

② 这一举措通过仔细分析某些买家而不是所有买家所承受的无意意外或不成比例的负担来实现。

③ 国家认证机构（ABs）已对 VVBs 进行 ISO 14065 认证。这一过程通过 ABs 进行的同行评估系统得到加强，以评估其他 ABs 地理区域内行动的有效性。国际认证论坛（IAF）旨在为认证中使用 ISO 标准的应用提供指导。从目前的形式来看，这一过程可能已经足够，也可能需要进一步的评价。

查[①]。在参与者的监督下，工作组鼓励治理机构考虑市场生态系统中缺失的要素。例如，关键挑战之一是本地审计师的数量和能力有限，并且这种情况只会随着市场规模的扩大而愈加凸显。

第三个维度是监督市场运作。这可能包括制订防止整个价值链欺诈的原则，包括根据“行动建议 14”确保良好的反洗钱实践。对于登记注册所，这些原则可能会进一步提高项目或文件编制方法的透明度（如，与土地相关项目的数据存储格式）。市场运作原则还应包括监督其他形式的市场失灵问题，例如市场操纵、网络诈欺、非故意干扰以及规避算法或自动交易系统对交易前后的风险控制。此维度的治理还可考虑涵盖买家或投资者购买碳信用可持有多久的问题。

5.6 创建需求信号

自愿碳市场的需求增长面临诸多挑战：

• 投资者的信心程度不一，也是有限的，需要加强投资者对碳抵消作用的认识，并统一投资者可采用的标准化方法。

• 企业在开发销售终端（POS）产品方面犹豫不决，并且对其产品（如碳中和产品）类型的划分不统一。

• 行业合作是零散的，需建立跨行业联盟——特别是对于难以减排的行业——并设定宏伟的净零目标，其中可适当使用所确定的碳抵消额。

• 明显缺乏透明的前瞻性需求规划，导致供应商融资和数据透明度有限。

• 考虑到其他市场的发展情况，工作组相信，来自买家的明确需求信号可能是流动性市场发展和扩大供应最重要的驱动因素之一。需求信号也应随时间推移而不断发展。

行动建议 17

为投资者提供统一的碳抵消指导

有必要让投资者联合起来，通过自愿碳抵消来实现气候目标。工作组建议投资者认识到，虽然内部减排仍是企业的首要任务，但碳抵消将在实现《巴黎协定》目标方面发挥有限但仍然重要的作用。前述“行动建议 4”“行动建议 5”提出的行动建议旨在围绕对碳抵消作用的质疑，澄清其在帮助实现某些目标方面的合理性。因此，工作组建议关键投资者如 NZAOA、“气候行动 100+”和 IIGCC 与必要的协议报告机构（如 SBTi、ISO[②] 和其他机构）建立联系，以确保对净零和碳抵消的指导保持一致。对于投资者应鼓励企业追求什么样的远大目标，SBTi 提出的“战

① 该内容仅为范例，适当的治理机构将发布实质性的指导意见。

② ISO 技术委员会 207 小组委员会温室气体管理和相关活动第 15 工作组正在制定一个新的标准，目前的主题是碳中和。预计将讨论各组织提出的碳抵消额使用问题。

略5”[①]（见图37）是一个可供参考的例子。SBTi这项工作的目标是联合投资者联盟、协议报告者和标准制定者，就碳抵消的作用和使用提供明确和一致的指导。

行动建议18

提高消费者对产品的信任度和意识，包括采用销售终端（POS）解决方案

当前，有许多新兴的碳抵消产品可供消费者选择和购买。通过提高消费者日常购买自愿碳信用的能力，跨部门实施消费者解决方案可以迅速扩大购买自愿碳信用的需求，并使其做出更明智的选择。这也包括B2C和B2B销售（如，用于B2C的碳中和LNG）。工作组在回顾当前企业的气候目标声明总体情况后，建议采取以下步骤（按优先顺序）：

- **需要作出明确且统一的碳声明**。产品层面的碳中和声明需要关联公认的标准（如：关于产品碳足迹的ISO 14067：2018、关于足迹信息交流的ISO 14026：2017、关于碳中和产品的PAS 2060标准、关于计算产品生命周期排放的PAS 2050标准，以及用于报告此类足迹的温室气体核算体系产品标准等）。工作组建议声明的主体遵循工作组“行动建议11”中关于合法性的原则，进一步开展工作，以确保碳信用使用的一致性。企业应明确阐明其具体减排路径及其在销售终端所提供产品的碳信息。这将在不混淆或误导消费者的情况下加强公司使用碳抵消的可信度，建立一个公平的竞争环境，并可能鼓励更多的公司生产含碳声明的产品。
- **鼓励使用清晰的碳标签**。碳标签可能是企业在做出良好碳声明后可采取的下一步骤。相关做法可参考国际公平贸易组织（Fairtrade International）所采取的举措，或借鉴“食品红绿灯标签的形式。在碳标签方面走在前面的私营机构包括Oatly、Just Salad和Quorn等食品和饮料企业，以及英国的Giki Badges等应用程序开发商。[②]工作组欢迎可持续市场倡议（SMI）的工作。该倡议正在分析企业如何通过碳标签这种方法来影响购买行为。该领域的工作应建立在已经明确环境声明最佳实践的标准的基础上（如，PAS 2050、ISO 14020：2000和ISO 14021:2016），并遵守当地的广告法。
- **扩大现有POS碳抵消产品规模**。应与行业协会、主要零售商和任何其他可能有兴趣支持抵消产品开发的组织合作，为消费者提供更多选择，而不是强迫他们养成新习惯。如果通过与电子商务平台的合作进一步推进该工作，会进一步提高规模抵消需求，同时无需创建复杂的供应链。未来，随着碳抵消产品或信用市场的建立和消费者偏好的变化，市场应探索将终端产品作为消费者默认选择的可能性（即，让消费者有责任决定不购买抵消，而非强制其购买）。

① “战略5”来自原文的表述，是SBTi推荐的一个战略归划案例，即图39展示的内容。——译者注

② Giki徽章开创了通过游戏化的方式来吸引消费者参与低碳消费。

• **创建数字功能以支持在销售终端购买碳抵消额**。将碳信用注册所的业务与自愿碳信用微型交易软件进行关联是一个需要克服的技术障碍，例如开发可链接到信用卡购买的应用程序，将碳抵消汇总到消费者余额中。这将为消费者提供一种简单的碳抵消方式，但可能需要大量投资和培训才能使之成为一种有用的工具。提高消费者对碳足迹的认识可以鼓励消费者习惯发生长期转变：这种认识可以提高消费者的责任意识，因为消费者会“奖励”那些在脱碳战略上取得进展的企业。

• **加大对消费者的培育力度，提高其碳素养水平**。虽然推行使用碳标签是重要的一步，但市场参与者仍应不断努力帮助消费者了解其碳足迹和碳抵消背后的科学依据和经济意义。

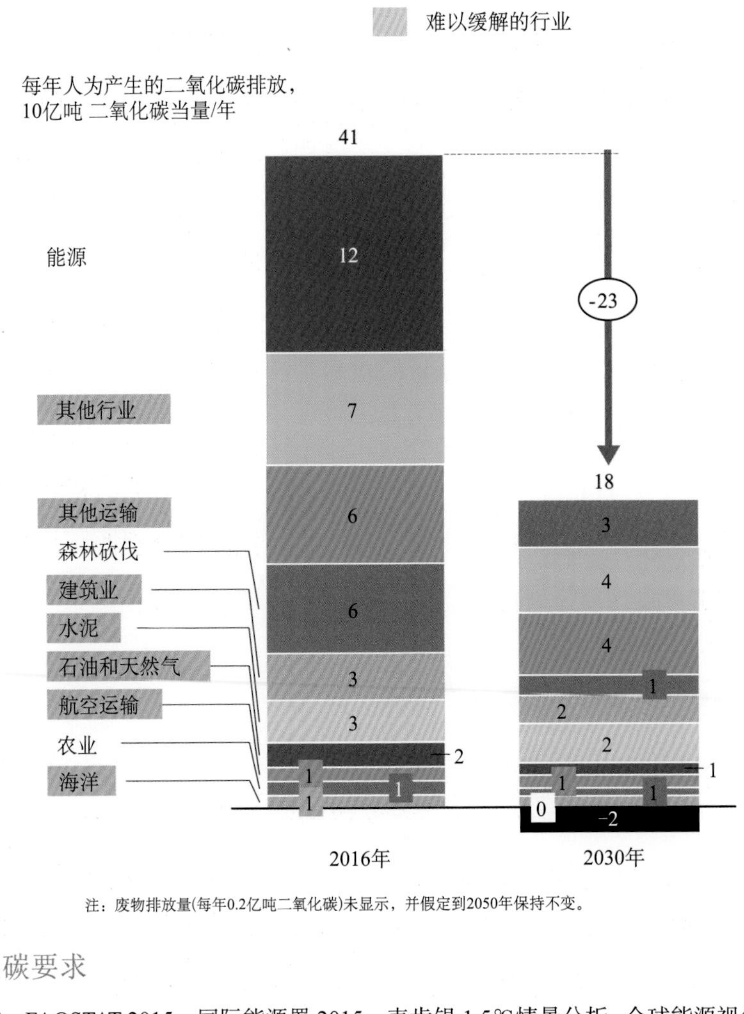
难以缓解的行业
每年人为产生的二氧化碳排放，
10亿吨 二氧化碳当量/年
41
能源
12
-23
其他行业
7
18
其他运输
6
森林砍伐
建筑业
6
水泥
石油和天然气
3
航空运输
3
农业
2
海洋
1
1
1
3
4
4
1
2
2
1
1
1
0
−2
2016年
2030年
注：废物排放量(每年0.2亿吨二氧化碳)未显示，并假定到2050年保持不变。

图 37　分行业的脱碳要求

资料来源：EDGAR 2015；FAOSTAT 2015；国际能源署 2015；麦肯锡 1.5℃情景分析；全球能源视角 —— 2019 年参考案例。

行动建议 19

加强行业合作和承诺

如图 37 所示，根据麦肯锡的分析，工作组确定了行业合作（通过财团或行业联盟）可以优先支持扩大碳抵消需求的行业。

水泥、海运和航空这 3 个难以减排的行业已制定了全行业减排计划，共同致力于实现净零排放或减排目标。尽管在其他领域，石油和天然气气候倡议（OGCI）等小型企业联盟也已成立，以追求可持续目标，但工作组希望这些努力可以更进一步。建立全行业范围的计划可以显著扩大碳抵消需求的规模，因为难以减排的行业（如图 37 中的灰色阴影部分所示）可能不仅需要在向净零转型期间进行碳抵消，而且需要在此之外对其价值链内的所有剩余排放进行碳抵消。因此，工作组欢迎这些行业合作计划，并强烈鼓励类似的行业也这样做。

工作组认为，其余难以减排的行业，如石油和天然气等重工业，应通过加强行业合作支持减排活动和更广泛的可持续发展目标。工作组希望进一步推动这一目标追求，并制定宏伟的全行业目标及计划，以满足本报告中所规定的要求。工作组还认为，除了“买方联盟”（承诺实现净零和 / 或购买碳信用的企业联盟）之外，此类合作还可以在联合提供终端产品方面发挥作用，从而进一步扩大需求。

工作组认为，私营部门参与者有必要在监管采取行动之前，在自愿基础上进行合作，因为碳市场的改变迫在眉睫，企业拖延可能会造成更严重的环境后果。

除了为特定行业制定全行业计划外，工作组认为，根据工作组推荐的核心碳原则标准制订适宜各行业的碳抵消使用标准，可以改善行业最佳实践，并助力买家的减碳之路。此类标准应帮助提升碳抵消的合理性，并有利于为产品发展提供必要的金融支持。

行动建议 20

建立需求信号机制

最后，创造出能够有效反映终端买家需求的解决方案十分重要，以提高透明度并扩大碳信用供应规模。这是无法强制的。相反，工作组鼓励企业发出长期需求信号（如通过长期承购协议或减排承诺），设法提高达到净零前过渡期的需求透明度，以及达到净零目标后长期需求（如抵消剩余排放）的透明度。

这些需求信号可以通过买方承诺注册登记所汇总，该注册登记所可以由协议报告者、标准制定者（如 SBTi 或 CDP）或数据提供者管理。供应商可以通过提高项目利润率的透明度来提升需求，并提高市场的公平性。任何额外的机制都需要进一步完善，以使其成为一个长期可行的提议。

6. 实施路线图

展望未来，工作组致力于促进和推动真正的变革，以扩大有效和高效的自愿碳市场，帮助实现《巴黎协定》的目标。确保扩大市场的环境完整性仍然是工作组努力的核心，需要进一步的工作来保证这一点：包括设计健全的核心碳原则和市场完整性原则，以及适合监督其实现的治理结构。为实现这一改变，工作组制定了从蓝图到行动的实施路线图。

这个实施路线图直接建立在蓝图行动建议的基础上。它以 8 个涵盖行动建议的工作领域为中心（见图 38）。这些领域包括：

A. 利益相关者参与

B. 治理

C. 法律和会计原则

D. 碳信用水平完整性

E. 参与者水平的完整性

F. 供需承诺引擎

G. 交易量和市场基础设施

H. 相应调整

工作领域	蓝图的行动建议
A 利益相关者参与	跨越所有行动建议
B 治理	② 评估核心碳原则的遵守情况；⑯ 为市场参与者和市场运作建立治理体系；⑬ 建立高效、快速的核查方法；⑭ 制定全球反洗钱和了解客户（KYC）指南
C 法律和会计原则	④ 引入核心碳现货和期货合约；⑮ 建立法律和会计框架
D 碳信用水平完整性	① 建立核心碳原则和额外属性分类法
E 参与者水平的完整性	⑪ 统一关于企业碳抵消声明的指南；⑫ 建立碳抵消原则
F 供需承诺引擎	③ 扩大高质量供给；⑰ 为投资者提供统一的碳抵消指导；⑱ 提高消费者对产品的信任度和意识，包括采用销售终端（POS）解决方案；⑲ 加强行业合作和承诺；⑳ 建立需求信号机制
G 交易量和市场基础设施	⑤ 建立活跃的二级市场；⑥ 提高场外市场的透明度和标准化；⑦ 建立或利用现有的大容量交易基础设施；⑧ 创建或利用现有的有韧性的交易后基础设施；⑨ 建设先进的数据基础设施；⑩ 促进结构化融资
H 相应调整	不在蓝图范围内

图 38　路线图中工作领域的概述

工作组的愿景是，随着时间的推移，这 8 个领域中的每一个领域都能成为发挥关键作用的环节，以共同扩大市场。工作领域的高层目标如图 39 所示。

自愿碳市场主要工作概述

		目标	责任主体
工作组完全主导	Ⓐ 利益相关者参与	支持工作组的蓝图和建议，向工作组提供重要反馈 (例如，通过首席执行官的信函往来，讲好碳抵消故事)	工作组
	Ⓑ 治理	发布治理报告，详细说明自愿碳市场治理的关键需求、角色、责任、治理结构等，确定建立治理机构潜在方式 为供应商、审计师/VVBs、中介机构和买方制定资格原则。[1] 为高质量的数字化项目周期建立蓝图	工作组
	Ⓒ 法律原则和合约	为一二级市场的场外交易和交易所证券化创造标准化文件	工作组
	Ⓓ 碳信用水平完整性	定义CCP和额外属性，并制定必要的评估框架	工作组
独立的努力，与输入来自工作组	Ⓔ 参与者水平完整性	调整公司索赔指南，包括报告/披露要求。 需要与正在进行的倡议密切协调（例如 SBTI、牛津原则、温室气体协议、ISO），包括关于提出特定索赔所需补偿类型（例如 CCP 批准、具有移除属性和特定年份）的指南	HADA-VCM[2] （独立成就）
与工作组的信息共享	Ⓕ 供需动力	扩大抵消需求和发展高质量碳信用的承诺	WBCSD、NCSA、负排放联盟、SMI
	Ⓖ 交易量和市场基础设施	市场参与者将发展扩大交易所需的基础设施和服务	私人市场参与者
	Ⓗ 相应调整	评估《巴黎协定》第6条的谈判对自愿碳市场的影响	Trove research

1.AML/KYC原则构成了其中的一部分，但在第二阶段不被涵盖。

图 39　路线图目标及相应工作任务

工作组 A 到 D 将由工作组和咨询组专家组成。

工作领域 E:

参与者水平的完整性。为进一步推动参与者市场完整性发展，工作组拟在借鉴以往经验基础上“培育”一个完全独立的倡议：自愿碳市场的高雄心需求加速器（HADA-VCM）。① 该小组将在工作组全体会议征求意见。

工作领域 F:

工作组认可自然气候解决方案联盟［由世界可持续发展工商理事会（WBCSD）和世界经济论坛（WEF）联合召集的多方利益相关者倡议］等领先机构在推动高诚信供求承诺方面作出的努力。工作组还赞扬负排放联盟和其他致力于扩大可信任和可核查的碳去除供给举措，也表示十分乐意支持更多类似举措。

工作领域 G:

交易量和基础设施方面，工作组支持私营部门在新交易所开发、初始注册、标准合约、价格风险服务、新核查工具等领域的行动。

尽管工作组不表态支持任何特定解决方案或参与者，但仍对当前的自愿碳市场发展势头感到欣慰。

① 此处为工作机制名称。

工作领域 H：

Trove 正在牵头开展一项完全独立的研究活动，旨在确定自愿碳市场与《巴黎协定》第 6 条的相互联系，以及相应调整的应用。该活动和工作组将持续交换相关信息。工作组紧锣密鼓地开展工作，2021 年 2 月至 5 月每周都有工作例会。2021 年 5 月至 6 月是 A—D 工作组成果公众咨询时期。第 2 阶段的最终交付成果将于 6 月底发布。在整个过程中，工作组将确保利用好跨组协作。

随着更多详细信息的获取，有关路线图的更多详细信息也将单独向公众发布。

工作组表示治理结构与目前类似：渣打银行集团首席执行官比尔温特斯担任主席；国际金融研究所（IIF）提供赞助；安妮特·纳扎勒斯担任工作组的运营负责人，他是 IIF 总裁兼首席执行官蒂姆·亚当斯（Tim Adams）的领导、戴维斯·波克的高级法律顾问、美国证券交易委员会前任专员。麦肯锡公司提供知识和咨询支持（见图 40）。

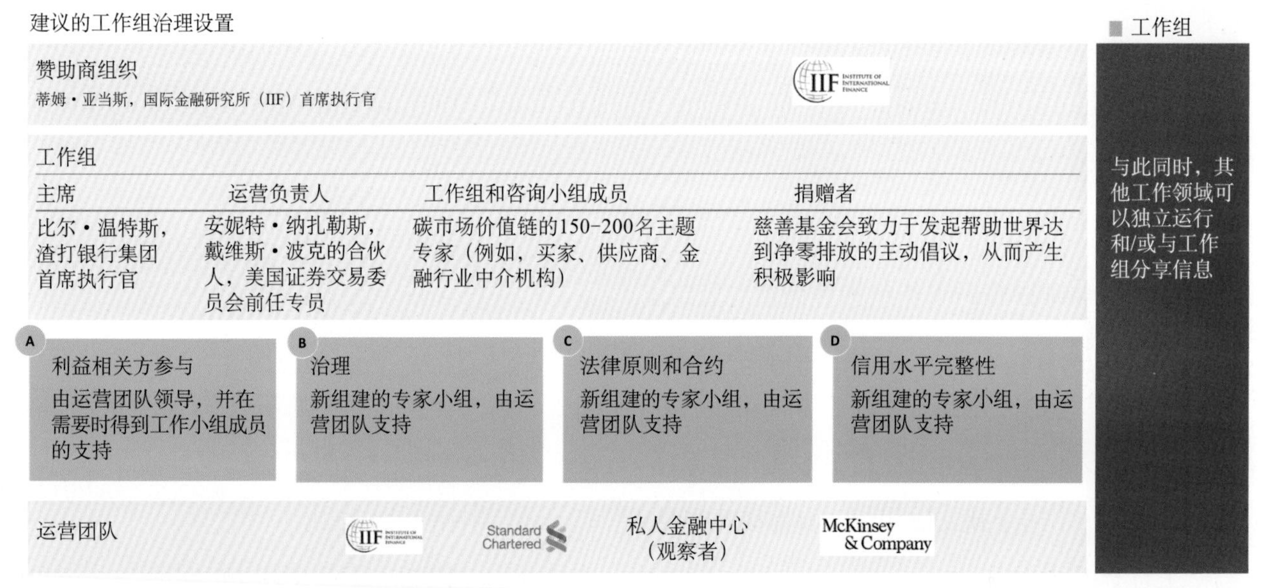

图 40　组织设置

我们期待在未来几个月内通过将蓝图转化为行动，继续践行扩大自愿碳市场规模的坚定承诺。

致　谢

工作组成员

阿比德·卡尔马利，美国银行
艾米·J. 班恩，波音
阿尼尔班·戈什，马恒达
安东尼·贝尔彻，洲际交易所
本·雷德曼，麦格理
比尔·麦格拉斯，壳牌
克里斯·利兹，渣打银行
克莱尔·多里安，伦敦证交所
大卫·安东尼奥，维拉
爱德华·汉拉汉，气候关怀中心
艾玛·马扎里，马士基麦金尼，零碳运输中心
艾瑞克·安德鲁，英国石油公司
埃斯特万·梅扎诺，雀巢
弗朗索瓦·卡雷，法国巴黎银行
杰拉尔德·马拉丹，《生态法》
纪尧姆·基维格，维托尔
休·范·斯蒂尼斯，瑞银银行
英戈·普尔，南极
英格丽德·约克，怀特 & 凯斯
伊莎贝拉·阿尔梅达，印度大学
杰夫·黄，艾克斯
乔陈·加斯纳，第一气候解决方案
约什·梅拜，XCHG 工业公司
乔纳森·迪恩，安盛
乔纳森·肖普利，自然资本
乔蒂·拉什福斯，标准普尔全球普拉特百货公司
约什·沃尔，欧特克
卡拉·曼贡，高盛公司
凯西·贝尼尼，埃信华迈
考希克·查特吉，Tata 公司
凯尔·哈里森，彭博社
玛丽格雷迪，美国碳登记
玛丽亚姆·本·法雷斯，阿提哈德航空
马克斯·谢尔，销售团队
梅根·马尔登，黑石
米克尔·拉森，德布萨斯州
欧文·休利特，黄金标准
帕斯卡尔·西格沃特，道达尔
保罗·道森，莱茵集团
彼得·扎曼，里德·史密斯
拉斯姆斯·巴赫·尼尔森，托克集团
罗伯特·科维耶罗，邦吉
萨拉·苏拉苏，帝斯曼
萨拉·苏拉索，塔马塞克
托马斯·林加德，联合利华
乌代·塞纳帕蒂，吉利
沃克·赫塞尔，西门子
赵金玲，亿利集团
阿里宇·苏莱曼，丹戈特
简·阿什顿，易捷航空公司
朱志伟，达美航空公司
里卡多·莱塞卡，西班牙毕尔巴鄂比斯开银行

观察者

约翰·登顿，美国国际商会
沃斯特蕾莎·哈特曼，世界经济论坛
德克·福里斯特，国际排放贸易协会
辛西娅·库米斯，科学减碳倡议组织
盖伊·特纳，热带研究中心
佐伊奈特，汇丰银行
玛丽·德·巴泽莱尔，汇丰银行

咨询小组

亚当·林顿，法德风险资本投资团队
阿里·阿德南·易卜拉欣，阿尔巴拉卡银行
阿尔茨贝塔·克莱因，国际金融公司（IFC）
巴布尔安德里亚马吉亚尼，卡博尼克
安吉拉·卡尔豪格，碳定价领导倡议协会
凯梅内，Optia-X
安娜·科克伯恩，碳智能公司
安娜·莱曼，野生动物公司
安娜·奥兹加，必和必拓
安妮特·哈里斯，荷兰银行
安东·鲁特，Allied Crowds
莎瑞尔·佩雷斯，哈特里
奥古斯汀·西尔瓦尼，国际自然保护组织
艾默里克·德·孔德，维蒂斯
宋蓓蓓，北京千予汇国际环保投资有限公司
本·乔丹，可口可乐
本·纳尔逊，罗科斯资本
本杰明·马西，布鲁斯
川比尔·肯特鲁普，阿林弗拉
比尔·帕佐斯，碳航空公司
布拉德·沙勒特，世界自然基金会
乔布·克里斯托弗·加尔格，摩根大通
克里斯托弗·韦伯，自然保护协会
克莱尔·奥尼尔，世界可持续发展商业理事会
克雷格·埃伯特，气候行动储备委员会
克里斯蒂亚诺·雷森德·德·奥利维拉，Suzano
黛西·斯特里菲尔德，气候变化机构投资者组织
大卫·伦斯福德，摩根士丹利资本国际公司
魏大卫，碳中和减排联盟
黛布拉·斯通，摩根大通
迪·劳伦斯，Cool Effect 公司
德里亚·萨尔金·马尔科奇，土耳其实业银行
多梅尼克·卡拉图，独立人士
道加尔·马修·科登，花旗集团
邓肯·斯科特，普信金融
艾迪·史密斯，印第根州
埃德温·奥尔德斯，挪华威认证公司
埃莉诺·格林，阿格斯媒体公司
艾丽莎德威特，诺顿罗斯富布赖特
埃里克·特鲁西维奇，清洁技术风险投资基金
埃里克·克莱默，绿证开发和管理公司
埃隆·布卢姆加登，美国 Emergent 公司
费德里科·迪·克雷迪科，德国 ACT 公司
费利克斯·欧拉，罗科斯资本

加雷斯·休斯，碳工程公司
格雷格·谢诺，太平洋投资管理公司
雨果·巴雷托，巴西淡水河谷公司
伊洛娜·米勒，贝克·麦肯锡
雨果·拉明，商业银行
伊安内利，迪拜卓越碳中心
威廉·范德文，欧洲复兴开发银行
杰伊·德西，盖茨风险投资公司
杰里米·格兰特，斯蒂芬森·哈伍德
严先生，中国工商银行
约翰·克雷伯斯，厂商中立的技术联盟
约翰·范维伦，碳透明核心有限公司
约翰·康纳，碳市场研究所
约什·怀特，伊美特
乔纳森·戈德堡，碳直接技术公司
乔尼·吉尔森，美国通用电气
何塞·劳森，气候变化机构投资者组织
乔什·布朗，马尔文仪器有限公司
朱丽·马尔克林，雪佛龙
朱莉·温克勒，芝加哥商品交易所集团
胡里奥·塞萨尔·纳塔伦斯，Suzano
凯伦·科钦友，摩根士丹利
凯利·基齐尔，环境保护基金
肯·纽康姆，C-Quest 资本
克里斯汀·蒙罗，澳大利亚亚斯特律所
李·贝克，清洁空气特别工作组
莱斯利·达辛格，特拉全球资本有限公司
丽莎·德马科，DeMarco Allan
丽莎·沃克，Ecosphere
丽兹威尔莫特，微软
路易斯·红肖，红肖的顾问
曼努埃尔·穆勒，欧洲能源交易所
马克·萨德勒，世界银行
马塞尔·斯坦巴赫，德国 BDEW 认证公司
马塞尔·范·希斯维克，独立人士
玛丽莎·布坎南，摩根大通
马克·威尔逊，保护性基金管理公司
马克·库蒂斯，阿布扎比国际石油投资公司
巴格马丁·威尔德，汇丰环球投资管理与专业气候变化咨询及投资公司
小山雅夫，三菱商事株式会社
马蒂亚斯·克里，展望气候小组
玛雅·西德勒，苏黎士
梅丽莎·林赛，emstream
迈克·奈特，碳追踪器公司
明迪·卢伯，色瑞斯认证公司
莫滕·罗斯，AFRY 咨询公司
莫斯廷·布朗，AFRY 咨询公司
纳赛尔·赛迪，清洁能源
商业委员会
尼克·布莱斯，环境管理和评估研究所（IEMA）
尼科莱特·巴特利特，CDP 集团
诺埃尔·奎因，可持续市场倡议组织
奥利弗·图伊，皮尤慈善信托基金
彼得·弗洛伊登斯坦，气候工厂
彼得·雷纳，德国技术合作公司
彼得·维尔纳，国际掉期与衍生工具协会
菲利浦·理查德，阿布扎比全球市场
理查德·杰克逊，标准天然气公司
理查德·斯蒂芬森，几内亚科纳克里国际机场管理运营公司
罗伯特·杰稣达森，Pollination

萨宾·弗兰克，Carbon Marketwatch

萨沙·萨克，洲际能源公司

桑迪普萨哈，中电印度

桑德拉·弗利彭，荷兰银行

萨沙·拉法尔德，气候合伙人

斯科特·奥马利亚，国际掉期与衍生工具协会

苏西奇，阿联酋自然航空公司

斯蒂芬·克拉姆，桑坦德

史蒂夫·兹威克，生态系统市场

乔布·斯图尔特·金德，摩根大通

格雷尔 - 卡斯特罗，穆齐尼奇公司

伊努克，塞瓦吉斯德罗兹多夫斯基

Thongchie Shang，新加坡政府投资公司

蒂姆·阿特金森，CF 合作伙伴

蒂姆·斯图姆霍弗，气候工程基金会

托米·纽沃宁，Allcot

泰勒·塔诺齐，塞诺夫斯能源公司

沃利亚沃里亚，巴克莱

沃尔特·卢肯，国际汽联

韦恩·夏普，GEM & CTX

沃尔加德纳，Drax 公司

威廉·斯威特拉，氧化物低碳风险投资公司

资助者代表

玛丽莎·德·贝洛伊，High Tide Foundation

汤姆·欧文斯，High Tide Foundation

爱德华·拉姆齐，Permian Global

杰西·艾尔斯，儿童投资基金基金会

克雷西达·波洛克，Quadrature Climate Foundation

布里奥尼·沃辛顿，Quadrature Climate Foundation

特别感谢彭博慈善基金会和气候工程基金会的帮助和协调资金支持。High Tide Foundaion 是儿童投资基金基金会和 Quadrature Climate Foundation 的主要出资人。如果没有他们的慷慨支持和深入参与，工作组的工作是不可能完成的。

Bloomberg Philanthropies

附　录

附录 1　缩写说明

附录 2　术语表

附录 3　方法论

附录 4　清洁发展机制 /CERs 分析

附录 5　自愿碳市场中当前的碳信用在库项目详情

附录 6　自愿碳市场相关 ISO 国际标准

附录 7　数字 MRV 项目周期设计的关键问题

附录 8　公众咨询结果

附录 9　现有学术文献及分析文章

附录 10　平行计划

附录 1　缩写说明

IIF	国际金融协会
IPCC	政府间气候变化专门委员会
ISDA	国际掉期和衍生品协会
ISIN	国际证券识别号
KYC	了解客户
LDC	最不发达国家
MRV	测量、报告和核查
NBS	基于自然的解决方案
NCS	自然气候解决方案
NDCs	国家自主贡献
NGFS	央行与监管机构绿色金融网络
NGOS	非政府组织
NZAOA	净零资产所有者联盟
OTC	场外交易市场
PAS	公共可用规范
PCAF	碳会计财务伙伴关系
POS	销售终端
PRI	负责任投资原则
R2Z	“奔向零碳”行动
REDD	减少毁林和森林退化所致排放量
REDD+	减少发展中国家毁林和森林退化所致排放量加上森林可持续管理以及保护和加强森林碳储量
SBTI	科学碳目标倡议

SDG	可持续发展目标
SMES	行业领域专家
SMI	可持续市场倡议
TCFD	气候相关信息披露工作组
TSVCM	扩大自愿碳市场工作组
UNFCCC	联合国气候变化框架公约
VCM	自愿碳市场
VCS	核查碳标准
VVB	认定与核查机构
WEF	世界经济论坛
WRI	世界资源研究所
WWF	世界自然基金会

附录 2　术语表

术语	定义
额外性	碳信用额代表碳减排或碳去除的原则，若项目未实施，就无碳信用；若没有销售碳信用产生的收益，项目也就不会实施。
造林	在没有森林的裸地或耕地上植树或培育森林的过程。
第 6 条	《巴黎协定》第 6 条明确了国际碳市场的设计框架，规定了各国可以通过购买碳信用去抵消碳排放量的规则。
基线场景	一种合理代表温室气体 (GHG) 来源的人为排放量的情景，该排放量发生在没有拟议项目活动的情况下。
碳信用	碳减少、避免，或者对大气中二氧化碳的去除、封存产生的可核实的气候缓和数值，购买者能够对其融通来声明碳抵消。
负碳	公司通过消除额外排放来创造额外环境效益，从而超额实现净零排放目标
碳中和	公司补偿在一定时期内产生的所有排放物的目标，通常每年评估一次。
核证减排量（CERs）	联合国通过清洁发展机制为发展中国家减排项目颁发的可交易单位；每个 CER 代表公吨的碳减排量；各国可以使用 CER 来实现京都议定书下的碳排放目标。
清算所	两家公司之间的金融机构，旨在促进支付、证券或衍生品交易的交换，旨在降低交易参与者不履行结算义务的风险。
清洁发展机制（CDM）	《京都议定书》的规定之一，允许发达国家通过资助发展中国家的减排项目来抵消其排放。
重复计算	当碳减排被计入多个抵消目标或指标（自愿或受监管）时，就会发生重复计算；例如，对某一项碳信用，两家公司都将其计为自己的成果。
事前碳抵消	计划或预测但尚未实现的减排，从而减排的确切数量是不确定的。
事后碳减排	与事前碳抵消相反，事后碳减排是指已经实现且可审查的数量。
期货交易	交易者同意以预定价格出售并在未来特定时间交货的一种交易。
发行人	由标准机构（如 VCS）进行项目核查后产生的抵消总量，每个偏移量都有唯一的序列号，并在注册表中列出，以避免重复计算。
政府管辖的“REDD+”	一个综合的、管辖范围的会计框架，通过确保使用一致的基线和信用方法开发所有项目和减少森林砍伐和退化活动的排放，从而提高环境的完整性，最终目标是确保减排在管辖一级“累积”，无论是国家还是地方，每个参与者都因其贡献而获得适当的信用。

续表

术语	定义
碳泄漏	温室气体（GHG）源人为排放的净变化，它发生在项目边界之外，可测量并可归因于项目活动。
嵌套“REED+”	REDD 会计核算的混合方法，同时包括国家和地方 REDD 会计核算的要素。随着时间的推移，这种方法具有从地方层面方法扩展到国家层面方法的能力。另外，采用该方法的国家可以同时在国家和地方层面计算国际碳抵消额需求。
净零	在未来某个日期前实现碳中和目标（与 SBTi 不相互排斥）。
承购协议	买卖双方之间购买或出售生产者即将生产的部分商品的安排。
永久	碳抵消必须永久清除大气或海洋中的二氧化碳或等效碳排放；对于森林碳储存，人类活动（如伐木）或不可预见的自然事件（如森林火灾、害虫爆发）可能会导致碳储存的逆转。
减少森林砍伐和森林退化造成的排放（REDD+）	“REDD+”项目指面临土地利用变化或碳储存量减少风险地区的森林碳汇项目。项目重点是在这些森林退化或砍伐之前保护森林，避免产生更高的碳排。该项目减排主要通过避免碳排放的方式实现；“+”表示要增加森林碳储存量，在相应范围内将碳排放量降低到基线以下。
再造林	在森林采伐地区重新植树造林，丰富森林生物量，提高土壤固碳能力。
注销	最终买方要求的碳抵消额总量，一旦碳抵消额被注销，就不能再被交易。
基于科学的目标	与工业化前水平相比，将全球温升保持在 1.5℃—2℃范围内所需的脱碳水平目标。
封存	通过自然或人工的方法从大气中去除二氧化碳的过程。
现货交易	为立即交割而交易商品的交易；结算通常在两个工作日内发生。
气候相关财务披露工作组（TCFD）	马克卡尼于 2015 年成立的工作组，旨在增加和改善企业自愿披露的气候相关信息相关性，使金融市场参与者和金融监管机构能够更好地了解和管理相关风险。
交易价值	项目开发商、中间商和最终买家之间交易的碳抵消额价值。碳抵消额可以无限期交易，直到它们被注销。
年份	碳信用的年份描述了减排发生的年份；一个项目可以产生多个年份的碳信用。

附录 3　方法论

一、免责声明

我们的地理空间分析方法根据麦肯锡公司的自然气候解决方案开发，自然气候解决方案建立在同行评审的方法和现有数据点或空间数据层之上。虽然该方法可以为全世界提供有益的方向性指导，但各地得出任何结论都需要结合实际进行更详细的研究，尤其要研究当地的地理背景或最近发展情况。该方法对碳减排成本的分析主要针对的是国家层面，信息来源也主要基于专家访谈信息。然而，任何项目评估都需要结合当地实际，以及考虑其他额外信息。

二、评估短期“实际”碳消除潜力

在本报告中，我们估计了再造林、避免森林砍伐、沿海恢复、避免沿海退化、泥碳地恢复、避免泥碳地退化、农田及农田中的树木 8 种自然气候解决方案（NCS）的碳消除潜力。

对于每种 NCS，都通过特定建模来评估总的碳消除潜力，其颗粒度取决于可用数据。在实际中，当目标是生态系统（如热带森林和湿地）覆盖范围及反映其退化状况的地理空间数据时，可通过避免生态系统进一步退化或恢复来评估每个 NCS 项目的实施位置，然后将其与 NCS 的 CO_2 封存潜力（或避免的碳排放）评估相结合。对于再造林 NCS，若将生物物理排除过滤器事项（如可用水量）考虑在内，技术潜力将进一步发展为“现实”潜力。

按农业租金计算：农业租金是农业土地的经济回报。低等水平的农业租金：小于或等于每公顷 10 美元。中等水平的农业租金：大于每公顷 10 美元，但小于或等于每公顷 45 美元。农业租金对于 NCS项目的土地使用选择至关重要，大多数关于NCS成本的研究都会考虑该因素。其计算方法如下：

（1）选取 40 多种主要农作物的颗粒作物产量和分布，以及 8 个主要牲畜类别的牲畜重量和密度数据来源：联合国粮食及农业组织。

（2）将产量与这些作物和牲畜的农场价格相匹配，计算精确的农业总收入。

（3）使用生态区农业总收入中位数作为相关生态区农业租金，并将该农业租金分配给森林等尚未转化为农业用地的土地。

（4）假设 30 年的农业收入每年贴现 10%——这一比例通常被开发银行用于评估发展中国家的公共服务领域投资。

（5）以该地区收入最高的作物为计算农业总收的基础，将收入应用于各个 NCS 备选实施地区。

（6）使用每年每公顷 10 美元和 45 美元的统计阈值来区分“高和中”“中和低”档位的可行性，对应于生态区中值的第 33 个和第 66 个百分位数。

三、确定短期 NCS 项目的成本

为每个 NCS 建立国家层面成本曲线，重点是碳消除潜力大的国家。NCS 项目成本是通过专家访谈和文件资料确定，而且考虑到费用在不同时间的差异，用 30 年期限项目 10% 贴现率进行贴现计算。

我们的评估考虑了 4 种类型的成本：

1. 土地成本：收购或出租 NCS 项目所在地的土地成本加上与土地相关成本（如土地税）①，对于每个国家，我们开展 2 项成本估算：一项用于高可行性（低成本）地区，另一项用于中等可行性（中等成本）地区。假设这些地区的项目成本不同主要是由于土地成本差异，同时土地成本差异与农业租金高度相关。因此，如果 NCS 项目在高可行性地区实施，则使用当地专家提供的土地成本数据；如果在中等可行性地区实施，则根据世界银行的研究分析②方法来估计土地价值。所以，最终采用的简化假设是项目开发商将直接租赁土地并且全额支付费用，不需要政府和非营利组织帮助，这意味着项目开发商可以低成本甚至免费获取土地。

2. 初始项目成本：启动 NCS 项目所需的初始成本和投资，包括项目和场地准备、场地设置、管理和法律成本。

3. 经常性项目成本：在整个持续时间内运营 NCS 项目所需的人工、材料和管理费用，例如维护、管理、安全和社区付款。③

4. 碳信贷货币化成本：将已实现的 NCS 影响转化为实际碳信用的成本。具体构成包括：初始核查成本、年度核查成本④和发行费用，但不包括营销成本。

四、NCS 解决方案特定的方法

再造林

根据 Bastin 等⑤的研究，我们创建了一张全球再造林潜力地图。为此，我们首先预测了自然条件下的全球树木覆盖率。基于 Bastin 等人在保护区内观察到的树木覆盖率数据集（78,774 个测量值），我们使用一组分辨率为 1 平方公里的空间预测因子构建了一个随机森林模型⑥，该模型包括 4 个变量：

---

① 土地所有权结构（例如，公有土地）意味着用于 NCS 的土地可能无法以市场价格有效地获得或出租。在这些情况下，我们仍然将土地价值纳入成本，作为土地机会成本的代理。

② “2018 年国家财富的变化：建设一个可持续的未来”，世界银行，2018 年。当世界银行的价值低于或比高可行性地点的价格高一个数量级时，我们使用价格相关方程替换它们。

③ 根据专家意见和对学术文献的回顾，对欧洲、北美洲和澳大利亚以外的国家使用标准化的每公顷费率。

④ 根据认证机构的不同，可以每隔 1 年或最多每 5 年进行一次认证。

⑤ 简 - 弗朗索瓦·巴斯丁等，“全球树木恢复潜力”，《科学》，2019 年，第 365-6448，P76-79.

⑥ 利奥·布雷曼，“随机森林”，《机器学习》，2001 年 10 月，第 45 卷，P5-32.

气候变量[①]：年平均气温、最湿润季度平均气温、年降水量、降水季节性、最干旱季度降水量。

地形变量[②]：坡度、海拔和山坡阴影。

土壤变量[③]：基岩深度、含沙量和世界参考基准土壤类别。

生物地理变量[④]：生物群落和大陆。

超参数调整是使用 R 的插入符号包[⑤]进行的，重复交叉核查 40 次并将树的数量设置为 500 棵。

将树木覆盖率转化为森林覆盖率后，根据联合国粮农组织的定义[⑥]，我们计算了技术再造林潜力，即预测森林覆盖率与当前森林覆盖率的差值。[⑦]

然后，通过使用 3 个生物物理排除过滤器过滤技术减排潜力来计算“实际”再造林潜力：

（1）生物群落过滤器：对于每种 NCS，我们排除了非自然解决方案或可能对生态系统和气候产生负面影响的生物群落，即北方森林或针叶林；草原、热带稀树草原和灌木丛；沙漠和干旱灌木丛生物群落。[⑧]

（2）水压力排除法：根据世界资源研究所的数据，依照 RCP8.5 的情境，我们排除了 2040 年水压力极高（大于 80%）或干旱的地区。

（3）人类足迹排除法:我们排除了当前的农田和城市地区[⑨]，对 2050 年城市扩张概率超过 50% 的地区进行了预测。[⑩]

---

① Stephen E. Fick and Robert J. Hijmans，“世界气候 2：全球陆地 1 公里空间分辨率气候表面”，《国际气候学杂志》，2017 年 5 月 15 日，第 37 卷 12 期，P4302-4315.

② 源自航天飞机雷达地形任务（SRTM），美国地质调查局，美国政府官网。

③ T.Hengl 等，“SoilGrids250m：基于机器学习的全球网格化土壤信息”，《PLoS ONE》，2017 年，第 12 卷 .

④ D.M. 奥尔森等，“世界的地球生态区：地球上生命的新地图”，《生物科学》，2001 年，第 51 卷，P933-938.

⑤ M. 库恩，“使用插入符包在 R 中建立预测模型”，《统计软件杂志》，第 28 卷，第 5 期，P1-26.

⑥ 土地面积至少 0.5 公顷，树木覆盖率至少 10%。

⑦ 马塞尔 · 布赫霍恩等，《部分森林覆盖层》，2019 年，Copernicus Global Land Service, Land Cover 100M: Epoch 2015, Globe（version 2.0.2）.

⑧ 继 J.W.Veldman 等之后，“评论‘全球树木恢复潜力’”，《科学》，2019 年 10 月 18 日，第 10 卷。我们排除了种植在北方森林、苔原、山地草原和灌木丛中的树木，因为由于反照率降低，这些树木可能会产生负面的净变暖效应。同样，我们排除了稀树草原和草原生物群系，因为在这些地区植树可能会通过栖息地更换和增加火灾风险来威胁生物多样性，并降低当地人依赖它们来饲养牲畜饲料、狩猎或供水的粮食安全。

⑨ 土地覆盖课程 10、20 和 190，来自 Marcel Buchhorn, Bruno Smets, Luc Bertels, Myroslava Lesiv, Nandin-Erdene Tsendbazar, Martin Herold, & Steffen Fritz.2019 年 . 哥白尼全球土地服务：土地覆盖 100 米：收集 epoch2015：Globe（V2.0.2 版）[数据集]。.Zenodo.http://doi.org/10.5281/zenodo.3243509.

⑩ 陈等，2020 年。

最后，我们将再造林地图与自然再生后碳封存率的最新地理空间数据相结合（Cook-Patton 等，2020），以计算未来 30 年通过再造林减少的潜在二氧化碳排放。

这里的基本假设是，再造林遵循“种植并顺其自然”的方法，而不是人工林场的方法。因此，我们的封存率和成本假设是任何一公顷的土地只能种植一次树木。

为了计算再造林项目的成本，我们假设再造林项目旨在扩大自然森林而不是建设纯粹的商业化人工林场。因此，所有与商业化人工林场有关的林业管理成本[①]（和收入）已被排除。这一简化的假设是为了：①估计“高质量”再造林碳信用项目的成本，“高质量”项目即指对生物多样性具有协同效益最大化的项目；②通过统一再造林评估方法，使各国对此类碳信用项目的评价保持一致；③尽量避免涉及商业化人工林场是否不符合碳信用项目标准的争议。为了简化计算，我们假设所有种植活动都在第一年进行。

避免热带森林砍伐和泥炭地退化

我们依赖布施（Busch）等的方法[②]，估计了到 2050 年热带森林可能被砍伐的地区和相关的碳排放。[③] 布施等的方法是基于土地利用变化方格图模型，考虑了土地的坡度、海拔、保护状况、原始森林覆盖情况和农业收入潜力等特征。我们利用该模型并输入数据，重新生成结果。[④] 结果显示，2020—2050 年，在正常（business as usual）情境下，将有 5.415 亿公顷森林被砍伐（每年 1 800 万公顷），相应的碳排放量为 2 569 亿吨。上述测算包括砍伐森林和泥炭地退化造成的碳排放，不包括砍伐红树林和土地荒漠化造成的碳排放。

与其他自然气候解决方案相反，我们利用布施等的边际减排曲线工具（Marginal Abatement Curves，MAC）[⑤] 确定可实现的碳减排潜力，并用每吨二氧化碳 10 美元、45 美元和 100 美元来分别区分高可行性、中可行性和低可行性。当每吨二氧化碳为 100 美元时，数据显示，总的碳减排潜力为每年 53 亿吨二氧化碳，而当每吨二氧化碳为 45 美元和 10 美元时，碳减排潜力分别降低到每年

---

① 例如，施肥、剪枝、修薄等。

② J.Busch 等，“通过热带再造林低成本去除二氧化碳的潜力”，《自然气候变化》，2019 年 6 月，第 9 卷，第 6 期，第 463–466 页。

③ 这包括生物质、土壤和泥炭地的排放。温带地区避免泥炭地退化的潜力未包括在此分析中。根据 Griscom 等的研究，2017 年，它约占总泥炭地避免退化潜力的 10%。

④ J.Engelmann and J.Busch，“通过热带再造林低成本去除二氧化碳潜力的复制数据 ”，哈佛数据库 2019 年，第 5 卷，dataverse.harvard.edu.

⑤ MAC 是通过碳价格激励（美元 / 吨二氧化碳）减少潜在的农业收入（森林损失的主要驱动因素）来设计的，所有其他变量都保持不变。

33.6 亿吨二氧化碳和 10 亿吨二氧化碳[①]。

为计算避免森林砍伐和泥炭地退化的项目成本，我们使用了工作组的标准成本计算方法，其中土地价值和再造林项目的土地价值相同。

修复海岸带和避免海岸带退化

我们计算了与恢复沿海湿地和避免沿海湿地退化相关的碳减排潜力（重点关注红树林和海草床，占全球沿海湿地的 70%[②]）。避免沿海湿地退化带来的碳减排潜力包括扩大沿海生态系统和避免退化的碳减排潜力之和（红树林[③]和海草床），两者都是通过比较基线和当前情境来计算（两者之差为碳减排潜力）。为计算有效避免的沿海湿地退化的损失，我们基于保守假设，为所避免的损失设置了一个最大值，即到 2050 年生态系统表面有 30% 受到保护，因此不应该被包括在避免损失的范围内。然后，我们将恢复或避免的损失程度乘以碳封存值。[④]

与通用做法相反，我们只使用了来自农田的农业租金，因为从可行性角度，畜牧业可能不太能代表沿海的自然气候解决方案。

为了计算避免沿海湿地退化项目的成本，我们只调查了修复红树林或避免红树林退化的成本（修复海草或避免海草退化项目的范围较小，因此可获得的数据更少），从而简化了假设，即修复成本等于避免退化的成本加上种植树木的成本。[⑤]

---

① 根据 Busch 等的研究，20 美元 / 吨二氧化碳的碳价将鼓励土地使用者每年减少森林砍伐 236 万公顷，减排 18.3 亿吨二氧化碳当量（2020—2050 年累计减少森林砍伐 7 090 万公顷、减排约 551 亿吨二氧化碳当量），而 50 美元 / 碳二氧化碳的碳价将使森林砍伐每年减少 500 万公顷、减排 36.1 亿吨二氧化碳当量（2020—2050 年累计减少森林砍伐 14 970 万公顷，减排 1 083 亿吨二氧化碳当量）。

② Hopkinson 等，“第一章沿海湿地：综述”，《沿海湿地》，第 1-75 页，2019 年。

③ 大量红树林数据来自《全球红树林观察（1996—2016 年）》，海草生长环境的数据来自《海洋健康指数科学》，其中包括 2012 年海草草甸的全球分布（年损失率来自文献综述）。

④ 不同的碳封存值用于计算恢复沿海生态系统和避免沿海生态系统损失的成本。在计算中，对于红树林，我们在全球范围内针对恢复类项目采用的碳封存率为每年每公顷 6.4 吨二氧化碳（Griscom，2020 年），针对避免损失类项目采用的碳封存率为每年每公顷 11.7 吨二氧化碳。对于海草，我们在全球范围内针对恢复类项目采用的碳储存值为每年每公顷 3.4 吨二氧化碳（Griscom 等，2017 年），针对避免损失类项目采用的碳储存值为每年每公顷 4.7 吨二氧化碳（Pendelton 等，2012 年）。

⑤ 专家为计算避免沿海退化的影响所提供的土地成本有时与用于再造林或避免森林砍伐项目所提供的土地成本不同。

泥炭地恢复

我们通过 4 个主要来源获得了有关泥炭地恢复的范围和减少的碳排放量数据:（1）全球泥炭地范围的空间数据库（泥炭图）;（2）300m 分辨率[①]的土地覆盖地图;（3）1990 年和 2008 年泥炭地退化程度的国家数据库（Joosten，2018）;（4）排放因素。

按照 Leifeld 和 Menichetti（2018）提出的方法，我们首先将泥炭地范围与土地覆盖地图叠加。当被农田覆盖时，泥炭地区域被认为已经退化了。然后，我们按国家加总了退化面积，并与 2008 年国家数据库中报告的退化程度进行了比较。如果计算结果范围高于数据库中报告的范围，我们将认为计算结果范围更为准确。在另一种情况下，我们将剩余的退化范围按比例分布在泥炭地地图的其他非退化区域。

- 然后，我们根据生物群落和土地覆盖面积，将退化面积乘以它们各自的排放因子。[②]
- 我们认为，恢复的泥炭地总面积等于当前的退化面积（5 100 万公顷）。
- 我们使用标准成本方法来计算泥炭地恢复项目的成本。[③]

农田里的树木

我们使用了 Chapman 等 2020 年的研究结果，以估算通过在作物系统中种植树木可实现的碳减排潜力。Chapman 等首先根据全球地上和地下生物量地图估计了当前农田的碳储量。此外，他们使用每公顷 5 吨二氧化碳的阈值来区分缺乏木质生物量的农田（小于或等于每公顷 5 吨二氧化碳）与含有木质生物量的农田（大于每公顷 5 吨二氧化碳）。他们计算了含有木质生物量的农田中每个土地单位的碳储量中位数，并将该值作为在给定单位的农田中种植树木可以实现的碳封存潜力。最后，他们将农田面积与封存率相乘，假设该值在 1% 到 10% 之间。我们采用了 5% 这一数值（如，缺乏木质生物量的农田中，植树面积为 5%）。

为计算农田项目中的植树成本，我们假设此类项目的成本结构与再造林项目相似，但主要差异有二：一是考虑到种植密度低很多，需特别考虑农田中的种植成本，特别是种树成本；二是由于此类行动不容易与主要土地使用者开展的其他农田维护活动加以区分，因此项目中的经常性维护成本较低。同时，由于实施自然气候解决方案不存在机会成本，即种树与种植农田作物可同时进行，项目成本中也不包括土地成本。

覆盖作物

为估计覆盖作物的理论范围，我们从全球 1 571 百万公顷的农田面积开始计算（faostat，2018）。我们去除了已种植多年的作物或冬季作物的农田（Poeplau 和 Don，2014；Griscom 等，2017），或

① ESA CCI-LC.

② 参见 Leifeld 和 Menichetti（2018）的研究方法，表 1。

③ 专家为计算泥炭地恢复成本提供的土地成本有时与用于再造林或避免森林砍伐项目的土地成本不同。

因气候因素和种植系统需要休耕的农田。为了在颗粒度水平上做到这一点，我们首先计算了作物持续时间比（CD），表示一个领域被裁剪的年份的百分比（Siebose 等，2010），CD 以 5min 像素分辨率计算平均生长面积[①]，除以耕地面积（Ramankutty 等,2008）。保守地说，我们认为 CD 小于或等于 60% 的地区（相当于大约 5 个月的淡季）适合覆盖种植。我们进一步去除水分充沛的区域。[②] 最后，我们计算每个国家适合覆盖作物的农田百分比，并将这个数字应用于当前的农田面积[③]，以估算当前适合覆盖种植的农田总面积。

在大多数国家，我们假设到 2050 年的采用率为 50%（Poeplau 和 Don，2014），但基于专家建议，我们在一些地区将其调整为 60% 或 80%。我们还排除了剩余表面的 3%，以容纳生产所需的必要种子农田表面积（Runck 等，2020），以及已种植覆盖作物的农田。基于最近一项关于覆盖作物对土壤有机碳影响的全球荟萃分析，我们采用了每年 1.17 吨二氧化碳的碳封存率（Popleau 和 Don，2015）。

我们对覆盖作物的成本计算不同于其他 NCS，因为我们包括了对农场经营者使用覆盖作物所产生的直接经济效益的估计，因此提出了覆盖作物的总成本和净成本。主要成本包括:① 种子;② 种植;③ 终止每年出现的覆盖作物。我们的研究包括三种类型的经济效益：① 从采用覆盖作物后的第二年开始降低投入成本；② 提高主要作物产量的收入（从第三年开始）；③ 在一些国家销售覆盖作物收获的收入（从第一年开始）。土地成本不包括在内，因为该 NCS 项目的实施没有机会成本。与其他 NCS 相反，我们假设每个项目的年度碳认证成本是固定的，且各国相同。

① 每个网格单元中 12 个月的平均生长面积。数据来自 MIRCA2000，Portmann 等，2010 年。

② 根据 RCP8.5 的情境，我们排除了 2040 年预计水压力极高（大于 80%）或干旱的地区（WRI Aqueduct）。

③ FAOSTAT，《土地使用》，2018 年。

附录 4　清洁发展机制 /CERs 分析

清洁发展机制（CDM）允许发展中国家的碳减排项目获得核证减排量（CER），每个 CER 相当于一吨二氧化碳。这些 CER 可以进行交易和出售，并被发达国家用于完成其在《京都议定书》下的部分减排目标。

根据项目类型的不同，签发的 CER 有两种类型，即长期核证减排（lCER）信用和临时核证减排（tCER）信用。tCER 在其签发期对应的《京都议定书》承诺期结束后到期。

在第一个承诺期内签发的 tCER 将于 2020 年底到期。ICER 则在各自项目的信用期结束时到期，这很大程度上取决于项目类型。

除了到期外，CERs 也可以在到期前自愿注销。这一机制有助于透明地使用 CERs 作为碳抵消，但取消的核证减排量不能再用于合规目的。虽然通过自愿取消用于碳抵消不是最初的目的，但 2019 年注销 CERs 约 1 000 万个，相当于自愿碳市场中注销量的 14%（见图 41）。

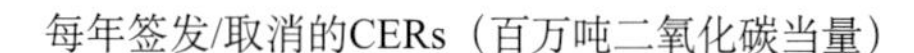

每年签发/取消的CERs（百万吨二氧化碳当量）

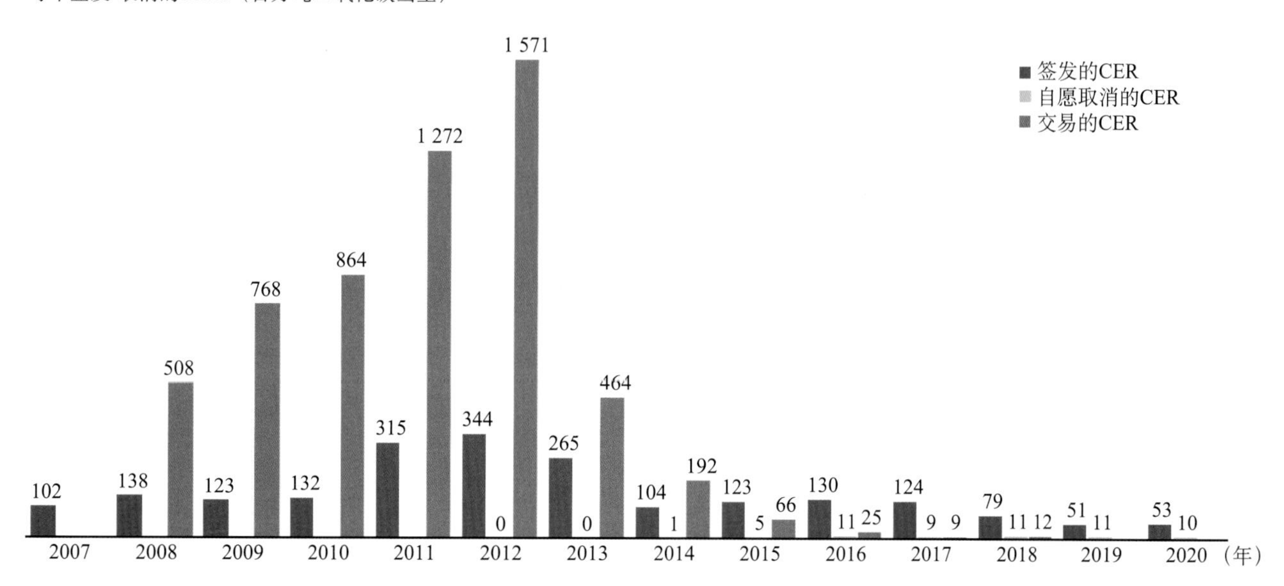

图 41　清洁发展机制下的碳信用

资料来源：https://cdm.unfccc.int/Registry/index.htm.

附录 5　自愿碳市场中当前的碳信用在库项目详情

图 42 显示，截至 2020 年 12 月，可再生能源项目和“REDD+”项目约占碳信用在库项目的三分之二。

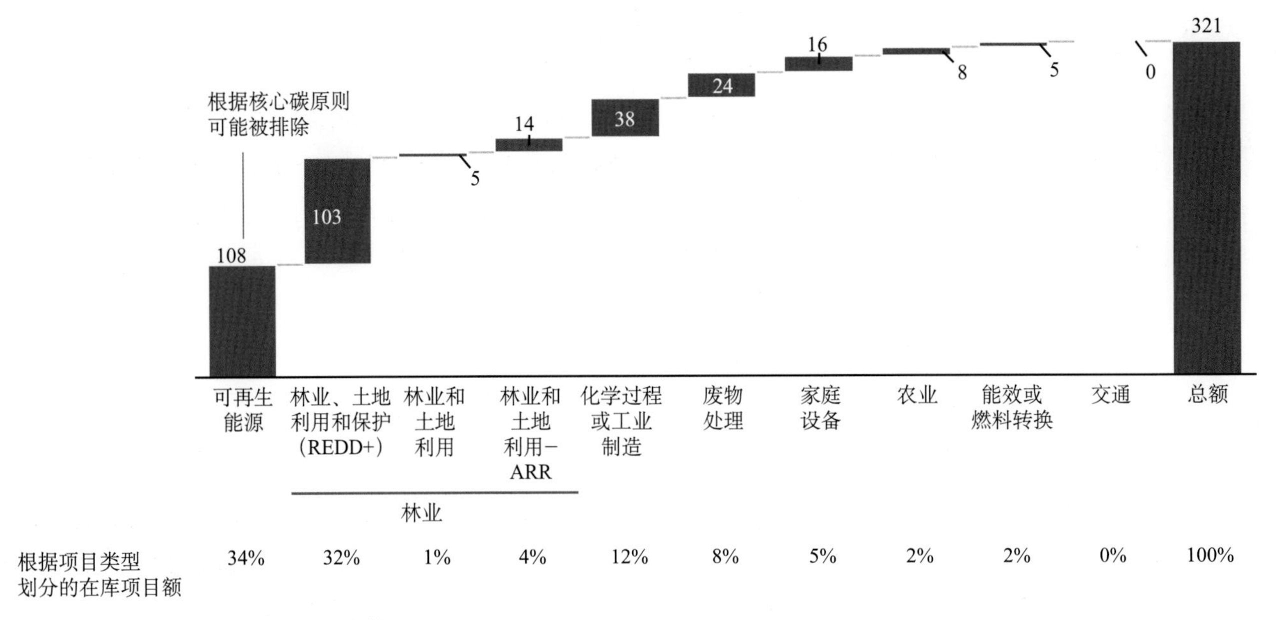

图 42　清洁发展机制下的碳信用

资料来源：麦肯锡分析。

附录 6　自愿碳市场相关 ISO 国际标准

标准参考	文件目的	与自愿碳市场的相关性
ISO/IEC 指南 60：2004 合格评定——良好操作规范	该文件针对合格评定的各个方面提出了建议的良好操作规范，包括标准化文件、主体、系统、计划和结果。 该文件适用于想提供、提升或使用符合道德规范的、可靠的合格评定服务的个体或机构。这些主体可包括监管者、交易员、校准实验室、检测实验室、检查机构、产品认证机构、管理系统认证或登记机构、人员认证机构、认证机构、提供合格认证的机构、合格评定系统和计划的设计者和管理者，以及合格评定的使用者。 该文件旨在促进国际、区域、国家和次国家级的交易。	该标准内容包括报告中确定的合格评定挑战一般有哪些，以及什么样的内容可视为良好操作规范。
ISO/IEC 17011：2017 合格评定——认证机构认证合格评定机构的要求	该文件规定了认证机构评估和认证合格评定机构的能力、一致性运作和公正性的要求。	该标准是一个可用于在治理机构下落实行动、确保市场参与者和市场运作的完整性的框架。它规定了对评估和认证合格评定机构的能力、一致性运作和公正性的要求。对于行动建议 13：对市场参与者的机构治理和与监管相关的市场运作，相关认证机构需承担一部分监督任务，为此，需查阅相关行为是否符合有关标准如 ISO/IEC 17029 或 ISO 14065 下规定的利益冲突原则。 根据 ISO/IEC 17029 或 ISO 14065 等，认证机构对认证的合格评定机构开展监督，如进行随机抽查。
ISO/IEC 17029：2019 合格评定——对认定和核查机构的一般原则和要求	该文件包括对开展认定或核查的主体的能力、持续运营和公正性的一般性原则和要求。	该标准在以下几方面支持行动建议 2：评估是否遵守核心碳原则的有关内容：

续表

标准参考	文件目的	与自愿碳市场的相关性
ISO/IEC 17029：2019 合格评定——对认定和核查机构的一般原则和要求	根据该文件开展工作的主体可以以第一方、第二方或第三方活动的形式提供认定或核查。这些主体可以是认定机构，核查机构，或认定和核查都提供的机构。 只要开展认定或核查的用途是真实可信的，该文件适用于任何行业中的认定或核查主体。但其他一致性评估活动的结果（如检测、检查和授权）不属于该文件下讨论的认定或核查的范畴。这些活动不属于认定或核查在其他一致性评估流程中的程序。 如不同行业对认定或核查流程有具体要求，该文件同样适用。该文件可用作机构认可、同行评估，以及国际组织、政府、监管机构、行业机构、公司、消费者等核查的参考。 值得注意的是，该文件包含的是一般性的要求，对于进行中的认定或核查项目，这些要求是中性的。适用不同项目的具体要求属于该文件的要求范畴之外。	• 规定了认定和核查机构运作的最低标准，如如何处理利益冲突和投诉等问题。 • 规定了认定和核查流程应如何开展，包括采用“四眼原则”。如，针对认定或核查流程结果进行审查的主体应是独立于开展上述流程的团队的人。 • 认证机构应按照 ISO/IEC 17011 的标准监督认定或核查流程。 对于环境信息，应参考 ISO 14065 中的标准，该标准就此类型评估工作提供了额外信息。
ISO 14065：2020 对认定和核查环境信息的机构的一般原则和要求	该文件内容包括对开展环境信息认定和核查的主体的原则要求。对不同项目的具体要求属于该文件的要求范畴之外。 该文件是对 ISO/IEC 17029: 2019 文件的一个行业性应用，其中包括对开展认定或核查的主体的能力、持续运营和公正性的一般性原则和要求。 该文件在 ISO/IEC 17029: 2019 文件的基础上，增加了对具体行业的要求。	该标准在 ISO/IEC 17029: 2019 文件的基础上，增加了具体要求。除了已指出的 ISO/IEC 17029: 2019 文件与本报告建议内容的相关之处外，该文件还与报告中的以下行动建议有关： 行动建议 13：机构效率和快速核查，对于所有签发的碳信用，不同市场间的核查流程应保持一致。ISO 14065 自 2007 年出台后，被广泛使用，作为强制碳市场和自愿碳市场的基础。该标准已被证明在使各市场间相关标准保持一致方面具有有效性。

续表

标准参考	文件目的	与自愿碳市场的相关性
ISO 14065：2020 对认定和核查环境信息的机构的一般原则和要求		ISO 14065 作为一项标准，可被用于项目业主对认定和核查机构提出了额外要求的项目中。这种灵活性有助于解决行动建议 13：机构效率和快速核查中的有关具体建议内容，即共享数据协议可包括使用卫星图像、数字传感器以及分布式账本技术，以进一步提升核查的速度、准确性和完整性。
ISO 14064-3：2019 温室气体——第三部分：认定和核查温室气体情况的具体指南	该文件内容包括对认定和核查温室气体情况的具体原则、要求和指导。 该文件适用于机构、项目或产品的温室气体情况陈述。 ISO 14060 系列标准对于温室气体项目是中性的，即如果一个温室气体项目可行，对该项目的要求可属于 ISO 14060 系列标准的要求范畴之外。	在 ISO 14065 标准设定的认定和核查流程基础上，该标准增加了额外细节要求。因此，其就本报中的以下行动建议内容提供了额外的参考内容： 行动建议 2：评估是否符合核心碳原则。 行动建议 13：机构效率和快速核查——对于所有签发的碳信用，不同市场间的核查流程应保持一致。
ISO/IEC：17040：2005 合格评定——对合格评定机构和认证机构的同业互评的一般要求	ISO/IEC：17040: 2005 内容包括对由认证机构协议小组或合格评定主体开展的同业互评流程的一般要求。该文件还对涉及同业评估流程中协议小组的结构和运作的有关内容进行了阐述。 该文件并未涵盖更宽泛的有关建立、组织和管理协议小组的内容，也不涵盖协议小组如何通过同业互评决定小组构成的内容。此类事宜，如申请者不同意协议小组相关认定结果的申诉流程，不在该文件的讨论范围内。 同业评估流程中可包含多种活动类型。这一设定尤其适用于开展了多种合格评估活动的被评估主体。	除 ISO/IEC 17029 中所述的监督认定和核查主体外，也需要监督国际认证主体，以确保一致性，这类活动即同业评估。该标准提供了如何开展和报告此类同业评估工作的要求。

续表

标准参考	文件目的	与自愿碳市场的相关性
ISO/IEC：17040：2005 合格评定——对合格评定机构和认证机构的同业互评的一般要求	该文件也适用于认证主体间的同业评估，也被称为同业评价。	
ISO/IEC：17000：2020 合格评定——语言和一般要求	该文件内容包括与合格评定相关的一般性用语和定义要求（含认证合格评定主体），以及使用合格评定促进交易的有关内容。 附件 A 中提供了有关合格评定的一般原则，以及对合格评定功能方法的描述。 合格评定与管理系统、计量、标准化和统计等其他领域相关。此文件中，未定义合格评定的界限。	该标准阐述了合格评定中使用的术语和定义，是以上所讨论标准的一个参考性文件。 该标准也包含了对合格评定的功能方法的描述，主要内容为“合格评定是由多种功能构成的一系列功能，其能针对筛选、决策、认证、决断和核查相关的具体要求，满足与之相关的证明性需要或需求”。

附录 7　数字 MRV 项目周期设计的关键问题

标准	数字 MRV 解决方案评估描述
案例应用范围	数字 MRV 解决方案服务哪种类型的案例？这些应用中包含了哪些系统边界和价值链？数字 MRV 解决方案服务于哪些部门？
MRV 活动的范围	哪些 MRV 活动已经被数字化并纳入解决方案？例如，使用来自更多来源和更多数据量的数字技术来收集和摄入数据。数据分析和计算是自动化的，以评估数据和计算结果。数据和信息被纳入标准化的报告模板。数字 MRV 解决方案将执行哪些数据 QA/QC 活动和核查 / 保证活动？此外，MRV 活动在多大程度上被数字化，哪些 MRV 活动仍在人工参与下手动进行？什么是 MRV 的标准、协议、指南等。数字 MRV 解决方案是否已启用？
数据技术的范围	MRV 活动如何被数字化和自动化？哪些数字技术是数字 MRV 解决方案的一部分，无论是直接作为解决方案的一部分还是与解决方案整合？例如，数字传感器、物联网设备、数字孪生技术、遥感技术、实时数据、DLT（区块链）、智能合约、人工智能、机器学习、数据分析。成熟度 / 复杂性达到什么程度？
透明度	解决方案在多大程度上是一个“黑匣子”（整体和每个组件）？数字 MRV 解决方案如何使审计员和程序能够证明该解决方案满足或超过所需的 MRV 性能？
可持续发展	数字 MRV 解决方案中的信息技术，特别是 DLT 的绿色程度如何？数字 MRV 解决方案是否提供了它相对于传统 MRV（例如，避免旅行排放）以及相对于其他 MRV 解决方案所节省的能源证据？如果数字 MRV 解决方案的环境足迹较差，如何补偿以确保净环境效益的完整性？
基于自然的解决方案	参与设计和实施数字化 MRV 解决方案的合作伙伴和利益相关者是谁？例如，解决方案是否主要由在气候和可持续发展目标领域没有资深经验的“技术专家”提出的？数字 MRV 解决方案能否轻易地关联其他解决方案，从而连接端与端并确保广泛参与？数字 MRV 解决方案在整个相关价值链中有哪些环节可以为用户带来增值？
专业服务及资源	数字 MRV 解决方案提供商是否也提供专业服务，以提供完整的可交付成果和结果？例如，数字 MRV 准备情况评估，方法开发（将传统标准转变为“智能标准”），项目设计和传统 MRV 活动？数字 MRV 解决方案提供商有哪些资源，例如专业知识（技术、气候和可持续性）、知识产权、金融、基础设施，可以与客户和利益相关者一起发展完善？
愿景和价值观	数字化的 MRV 解决方案供应商的愿景和价值观与市场和利益相关者的需求和期望一致程度如何？数字 MRV 解决方案提供商在气候和可持续发展目标领域的愿景和行动计划与其他公司有何不同？例如，考虑到技术（如硬件、软件、内容、开放数据、开源）和非技术问题（如治理、市场、公平、授权），如何统一数字创新与治理创新、社会创新、金融创新等。

附录 8 公众咨询结果

工作组于 2020 年 11 月至 12 月期间向公众征集了一次意见建议，通过此次意见征集，我们收回 160 多份问卷，并收到 25 封直接寄给工作组的信件。我们仔细阅读了每一条评论，并给予了充分的考虑。这份最终报告包含了我们对于这些意见所作的最大努力，然而必须承认，并非每一条意见都被囊括在内。关于我们从此次问卷调查中所学的更多内容和细节可在附录中找到。

征求意见建议的问题包括：

- 你是否同意实施这六个行动主题将明显有助于扩大自愿碳市场规模？
- 在这些主题中，是否有我们应该考虑但尚未提及的行动？
- 我们怎样才能更有雄心或更进一步？
- 是否同意蓝图中描述的每一个建议行动？
- “核心碳原则”是否应包括排除特定年份项目？如果是，是否应该排除所有超出特定年份的项目，或者仅排除某些方法学或项目类型？
- 是否应该排除某种项目类型，还是只允许有额外的保障措施？
- 相对于工作组建议的参考合约，我们是否应采用更标准化或更定制化的合约？
- 为实现向流动性更高的市场过渡，你是否承诺通过参考合约购买碳信用？
- 在列出的通过使用碳信用来进行碳抵消的原则中，您愿意采用哪些原则？
- 你是否同意需要一个治理机构来确保碳信用的完整性？你对哪个机构适合承担此项工作有什么建议？
- 你是否同意需要一个治理机构来确保市场参与者和市场运作的完整性？你对哪个机构适合承担此项工作有什么建议？
- 你是否知道有报告中没有提及的其他平行倡议？如有，请描述该倡议。
- 你对报告中的内容还有什么想进行评价的吗（例如，在市场规模方面可能没有预测二级和三级效应）？
- 你是否同意蓝图报告？

在意见征集调查中，针对每一项主题都包含了更多具体的问题。

调查统计

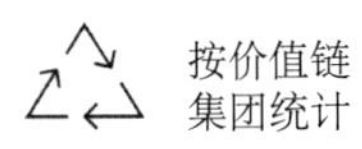

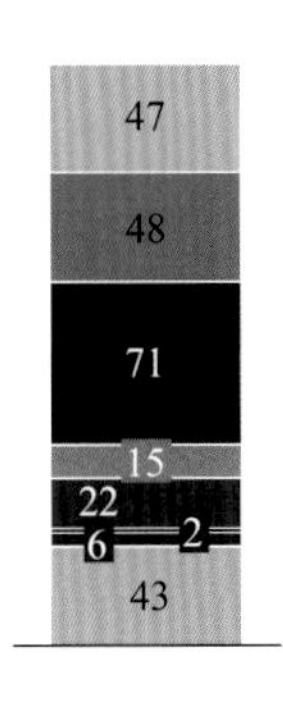

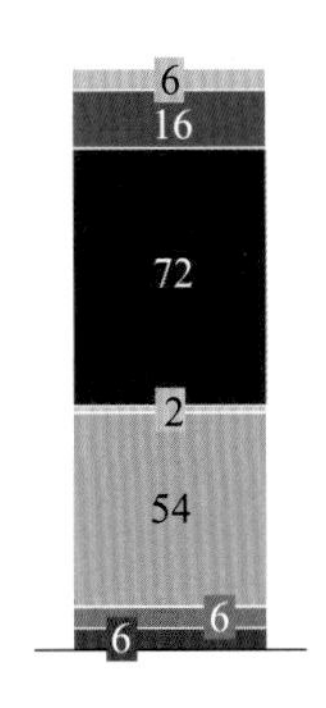

- 买方
- 市场中间商
- 供应商
- 标准制定者
- 非政府组织
- 法规制定者/政府
- VVB
- Other

- 非洲
- 亚洲
- 欧洲
- 中东地区
- 北美洲
- 拉丁美洲
- 太平洋地区

注：该处可能有多个答案。
资料来源：162份调查问卷。

您是否同意需要治理机构做……

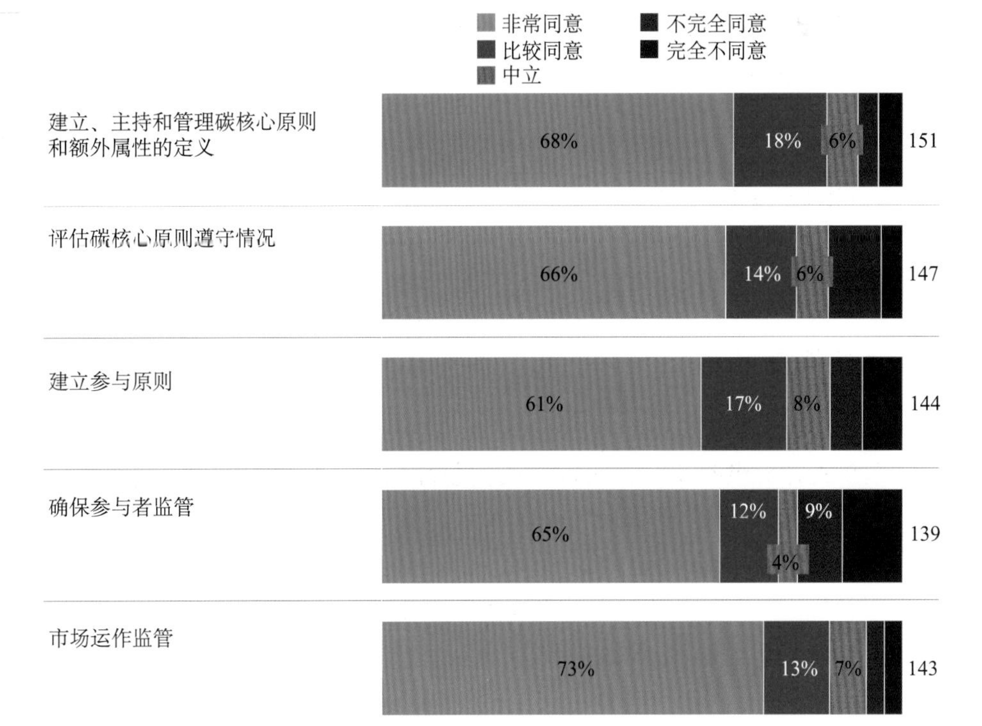

您倾向的合约比工作组建议的更加标准化还是更加定制化？

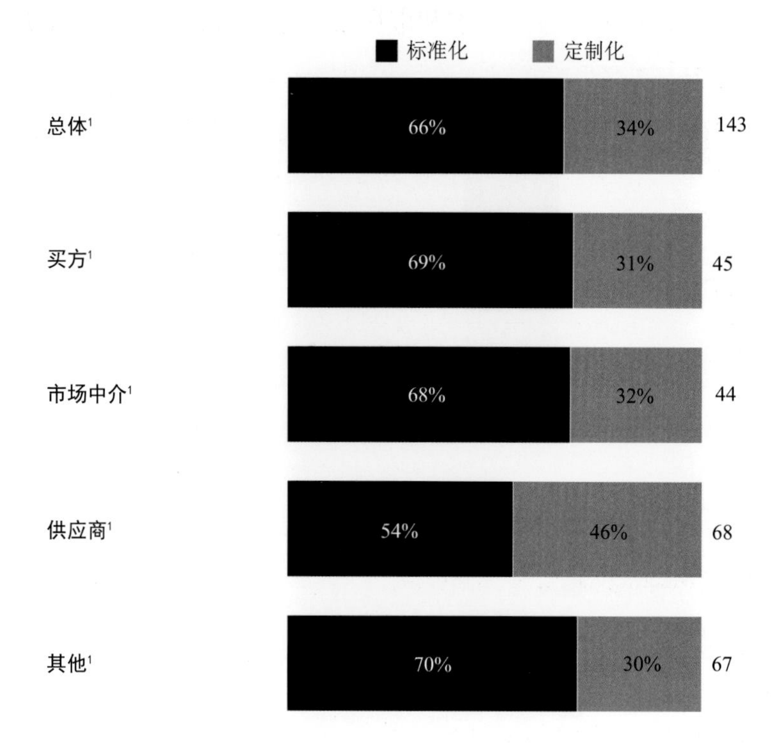

您希望看到哪一类组织成为管理主体？

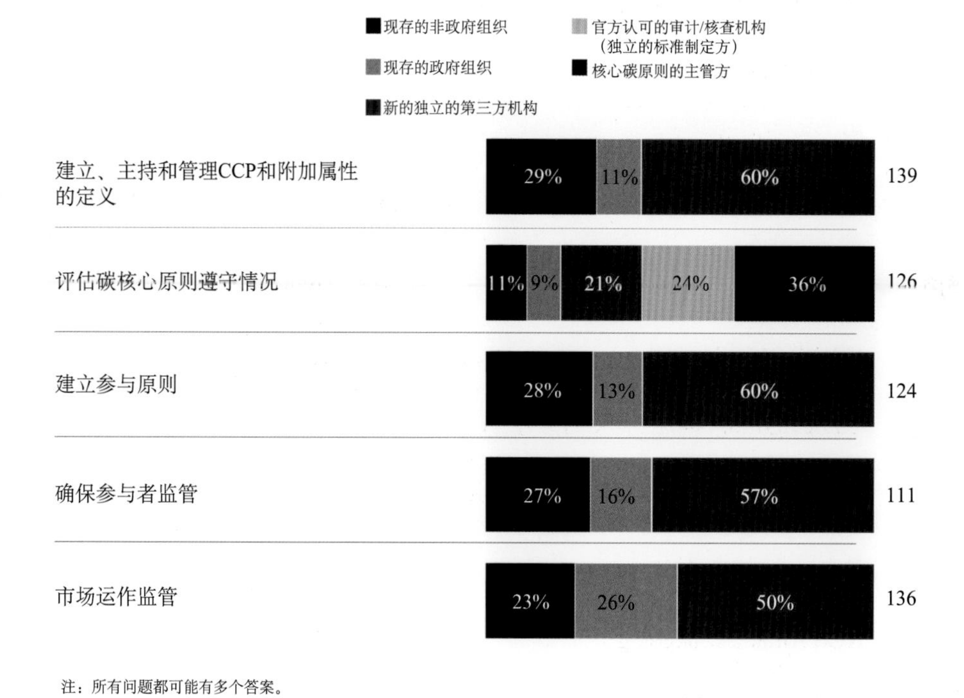

注：所有问题都可能有多个答案。

附录9　现有学术文献及分析文章

我们浏览了与自愿碳市场的供应、需求和市场结构相关的文献。对于各类主题，我们收集了与其相关的当前价值和趋势、未来市场愿景、市场干预和市场治理的研究。

主题	报告发布
供应：当前价值和趋势	IPBES report（2019）
	TEEB report（2010）
	WWF Global Futures Report（2020）
	Changes in the global value of ecosystem services（2014）
	The Climate and Biodiversity Nexus（forthcoming）
	UN "Meeting the 1.5℃ Ambition"
	N4C Mapper（forthcoming update Spring 2020）
	ENCORE database by UNEP
供应：干预措施	Natural climate solutions, PNAS（2017）
	Beyond the Source（2017）
	The Wealth of Nature（2017）
	CPI Global Landscape of Climate Finance（2019）
	Credit Suisse "Conservation Finance from Niche to Mainstream"
	WWF（2020）What makes a high quality carbon credit
	Campaign for Nature, Anthony Waldron（2017）
	IUCN Global Standard for nature-based solutions
	Goldstein et al. 2020
供应：治理	NCS Alliance（ongoing）
	GCF's Results Management Framework（RMF）

续表

主题	报告发布
需求：当前价值和趋势	Natural Capital Partners
	IPCC 2018
	Green Climate Fund
	Country specific small case studies
	Mission Possible
	IT.org
	IETA Markets for Natural Climate Solutions
	SystemIQ
	Conservation International
	CORSIA
需求：干预措施	World Bank's Climate Change Fund
需求：治理	NCS Alliance
	Oxford Offsetting Principles
市场基础设施：当前价值和趋势	Goldman Sachs（2020）
	Ecosystem Marketplace（2019）
	Michaelowa et al.（2019）
	Carbon market watch（2019）
	NCS Alliance Knowledge Bank（under development spring 2021）
市场基础设施：对未来市场的展望	NCS Alliance
	New Vision for Agriculture
	Architecture for REDD+ Transactions（ART）
	Verra's Jurisdictional and Nested REDD+ framework
	Natural Capital Market Design, Teytelboym, 2019

续表

主题	报告发布
市场基础设施：对未来市场的展望	World Bank（through the Forest Carbon Partnership Facility- FCPF）standard and registry（under development）
	Gold standard/ German Ministry for the Environment（2019）
	Natural Climate Solutions Report, WBCSD, 2019
	IETA/EDF Carbon Pricing: The Paris Agreements Key Ingredient
	Oxford Offsetting Principles

附录10 平行计划

机构	指定的解决方案	合作伙伴
ICC Carbon Council	基于DLT的空气碳交易中心，提供全球一流的碳项目	Perlin, AirCarbon Exchange
Air Carbon Exchange		ICC
NCS Alliance	《基于自然的气候变化解决方案》将于2021年初发布，重点关注供应完整性、需求完整性以及国家和地方气候战略	WEF, WBCSD
Sustainable markets initiative and council. Lead by Prince Charles	通过圆桌会议和理事会促进行业联盟的建立（尽管目前还没有具体的联盟建立）	理事会成员：Pact, Meridiam, DNB, Rockefeller Capital, JP Morgan Chase, Roche, Heathrow Airport Established with the support of the World Economic Forum
Gold Standard	通过指导文件解决目标设定、核实承诺是否兑现和融资问题	VERRA, ICROA, WWF, CDP, WRI, The Nature Conservancy, Carbon Market Watch, World Bank
Environmenta Defense Fund	欧盟碳排放交易系统尚未涵盖的行业碳定价解决方案	IETA
Verra	避免重复计算、报告可持续发展贡献、大规模森林保护（由政府）、其他选择（即将提出）	参加Verra召集的工作组；跨地域和部门的项目开发人员
Oxford	制定净零碳补偿原则	N/A
Internationa Emissions Trading Association（IETA）	碳定价和（国家层面）政策发展报告针对企业的排放交易工具培训	N/A
International Carbon Reduction and Offset Alliance	质量保证和供应商审核行为准则、供应链中碳抵消项目发展的研究论文	18名成员，其中包括：ACT, Arbor Day Foundation, BP Target Neutral, Climatecare, Vertis
CORSIA	遵守共同行为准则的行业联盟；以及信息、数据和执行的中央登记注册所	ICAO
Ecosystem Market Trends	碳市场发展信息平台致力于展示创新的公私融资解决方案	N/A

续表

机构	指定的解决方案	合作伙伴
Arbor Day Foundation	促进和鼓励私营部门和消费者造林	N/A
InterWork Alliance	到目前为止，还没有专门针对碳市场DLT 标识分类框架合同的解决方案	Exchanges, banks, tech companies, other consortiums
German Ministry of the Environment	与 Gold Standard 合作，促进并创造供应，即指导文件和培训工具	Gold Standard, CDM Watch, UN Environment Programme, KfW development bank, etc.
Architecture for REDD+ Transactions（ART）	注册、核查和签发 REDD+ 信用 ART 注册相关的标准和流程指南	Rockfeller Foundation, Norwegian International Climate and Forest Initiative, Environmental Defense Fund, Climate and Land Use Alliance
Livelihoods Funds	为大规模实施项目提供资金，以换取碳信用额	投资者（e.g., Danone, SAP, Michelin）
The World Bank	基于 DLT 的元注册系统，关联国家、地区和机构数据库，确保对不同系统进行跟踪	Broad group of member governments and NGOs
Transform to Net Zero	TBD	创始成员包括：Microsoft, Maersk, Danone, Mercedes-Benz, Nike, Natura &Co, Starbucks, Unilever, Wipro, EDF
Avoiding Double Counting Working Group	避免重复计算的指导原则	Meridian Institute, Stockholm Environment Institute, EDF, ACR, Carbon Market Watch, CAR, IETA, Verra, Gold Standard, WWF
Dubai Carbon Centre of Excellence（DCCE）	以数据为中心的区域性可持续发展商业实践储存库	Dubai Supreme Council of Energy（DSCE）, United Nations Development Programme（UNDP）, Dubai Electricity and Water Authority（DEWA）
Open Footprint Forum	迄今为止没有开发解决方案，尽管筹划了测量和管理环境足迹的解决方案	The Open Group members, plus 15 organizations from multiple industries（Accenture, BP, Chevron, Cognite, DNV GL, Emisoft, Equinor, Halliburton, Infosys, Intel, Microsoft, Schlumberger, Shell, University of Oslo, Wipro）